# 从〇到九的人生哲理

孙宏典 著

中原出版传媒集团
大地传媒
大象出版社
·郑州·

**图书在版编目(CIP)数据**

从○到九的人生哲理 / 孙宏典著.— 郑州 : 大象出版社, 2016. 7 (2017. 3 重印)
ISBN 978-7-5347-8945-8

Ⅰ. ①从… Ⅱ. ①孙… Ⅲ. ①人生哲学—通俗读物 Ⅳ. ①B821-49

中国版本图书馆 CIP 数据核字(2016)第 163065 号

**从○到九的人生哲理**

**孙宏典 著**

---

出 版 人 王刘纯
责任编辑 王晓宁
责任校对 毛 路
装帧设计 王晶晶

---

出版发行 大象出版社(郑州市开元路 16 号 邮政编码 450044)
发行科 0371-63863551 总编室 0371-65597936
网 址 www.daxiang.cn
印 刷 新乡市豫北印务有限公司
经 销 各地新华书店经销
开 本 787mm×1092mm 1/16
印 张 10.25
字 数 96 千字
版 次 2016 年 7 月第 1 版 2017 年 3 月第 2 次印刷
定 价 25.00 元

若发现印、装质量问题,影响阅读,请与承印厂联系调换。
印厂地址 新乡县翟坡镇兴宁村
邮政编码 453000 电话 0373-5635065

# 序

这是一本十分有意思的书,是一本值得一读的书。

作者孙宏典教授是信阳师范学院原党委书记、河南省优秀专家、享受国务院特殊津贴专家。他和我有三十多年的同事之谊，所以本书尚未付梓，我便能先睹为快。他和我还是校友，1982 年大学毕业后，他先于我半年被分配到信阳师范学院，我们共同在当时的政教系任教；后来他走上学校领导岗位，一直是我十分敬佩的领导、学长和老兄。工作之余，我们还经常交流读书心得，探讨学术问题，合作开展研究。他务实的工作作风、严谨的治学态度和谦虚谨慎的为人处世风格，都让我受益良多。他从领导岗位退下来之后，便立即着手整理近年来他对当代中国一些社会问题和人生问题进行哲理性思考的一些文字，遂集成本书。这种对学术和知识孜孜以求的精神，如同他几十年对工作兢兢业业的态度一样，从一个侧面展示了他学者型领导的品格与风范，为我们树立了楷模。他嘱我为本书作序，我感到十分荣幸、义不容辞。因为，能把自己对一本书的阅读认知介绍给读者，也是读书人的一件快事。

作者借助〇到九的十个数字，分五个篇章（另加一篇附文）来讲辩证法，讲思维方法，讲人生哲理，其构思和内容，独辟蹊径，有理有趣，引人入胜，启人思考，读之，时而会心一笑，时而拍案称奇。其突出特点主要表现在以下几个方面：

一是讲得巧妙智慧。该书运用数字提炼出了多个很有意义的独创性的命题，如《从“二”中寻求“三”》——讲思维方式由两极对立向相互融合转变，《由“四”进到“五”》——讲通过优势积累超越马太效应，《把握在“六”与“七”之间》——讲如何恰当地把握事物的分寸等，巧妙智慧，联系实际，形象贴切。

二是讲得深刻独到。该书根据数字本身具有的辩证特性来阐发辩证法的基本观点，如用“〇”是“一个确定量的否定”，它既表示无又表示有的特点，来说明“有”与“无”的辩证关系；提示人们在日常工作和生活中，不仅要重视“有”的作用，也要重视“无”的作用，要善于在“无”的地方看出“有”。又如用

“一”既是最小又是最大的特点，来说明大与小是相通的，提示人们在日常工作和生活中，要善于以小见大，以小成大，并要注意克服偏好大的倾向。再如用“三”是两端之中及两端之和的特点，来说明在经济全球化、政治多极化、文化多元化及社会信息化的新时代，要超越两极对立的思维方式，在处理各种矛盾时要善于在两极（两端）之中寻求第三方，找准结合点，多讲合作融合，多讲共享共赢。

三是讲得鲜活易懂。该书以唯物辩证法为主线，紧密结合生活实际，广征博引，既有对中国传统文化精粹的阐释，又有作者对人生的体悟，把一些深奥的理论问题讲得鲜活、通透、明白、易懂。相信无论是高校师生、党政机关领导干部和企业家，还是其他读者，都可以从中受到启迪、获取教益。

窃以为，在当今中国社会，特别需要这种雅俗共赏的读物。

2016 年 4 月 17 日

# 目 录

# 前　言

这是近几年我的几篇演讲稿的汇集，其中用“〇、一、二、三、四、五、六、七、八、九”十个数字（含十个阿拉伯数字）串了起来，借助数字来讲一些人生的感悟和问学的心得。这几篇稿子曾在信阳师范学院“贤林讲坛”和其他多所高校、党校及一些企业讲过，得到了普遍的肯定和好评。现在大家的鼓励和提议下，对原稿做了些改动补充，另把一篇已发表的与此相近的论文《对“一分为二”的一分为二》作为附文，一并汇编成书。

数字是抽象的、枯燥的，又是灵动的、有趣的。数字简明，直观，容易记忆。爱因斯坦认为，这个世界是由音乐的音符构成的，也是由数字构成的。而数字等构成的数学语言是表达大自然规律的最好语言，许多科学规律都是用数学语言来表达的。马克思认为，一门科学只有成功地运用数学时，才算达到真正完善的地步。不少哲人就是借助数字来阐释深奥哲理的。

我国古人就很擅长用数字来表达思想，特别是运用数字来作诗，即“数字诗”，读来饶有风味，妙趣横生。如宋代邵雍的五言绝句：“一去二三里，烟村四五家。亭台六七座，八九十枝花。”短短二十个字，把一到十十个数字全用上了，看似轻描淡写，平淡无奇，实则浓墨重彩，平中蕴奇。寥寥几笔，就勾勒出一幅清新别致的田园画面。

再如郑板桥的咏雪诗：“一片二片三四片，五六七八九十片。千片万片无数片，飞入芦花总不见。”信手拈来，数字列举由小到大，使人联想到雪花纷纷扬扬，与芦花融成一片的景象。

还有更为巧妙的，如司马相如与卓文君之间书信来往中所产生的“数字诗”。据说，卓文君与司马相如婚后不久，司马相如即赴长安做了官，五年不归，文君十分想念。有一天，她突然收到丈夫寄来的一封信，自然喜不自禁。拆开一看，只写着“一二三四五六七八九十百千万”十三个数字。聪明过人的卓文君立即明白了其中的意思，数字无“亿”即无“意”啊！觉出丈夫心变，想图新欢，她满含悲愤，写了一首“数字诗”：“一朝别后，两地相悬。只说是三四月，又谁知五六年。七弦琴无心弹，八行书无可传。九连环从中折断，十里长亭望眼欲穿。百思想，千系念，万般无奈把郎怨。万语千言说不完，百无聊赖十凭栏。重九登高看孤雁，八月仲秋月圆人不圆。七月半烧香秉烛问苍天，六月伏天人人摇扇我心寒。五月榴花如火偏遭阵阵冷雨浇花端，四月枇杷未黄我欲对镜心意乱。急匆匆，三月桃花随水转。飘零零，二月风筝线儿断。噫，郎呀郎，巴不得下一世你为女来我做男。”先从一到万，然后又从万到一回环。司马相如接信后，为卓文君的聪明才智和对爱情的忠贞所感动，思前想后，痛悔不已，遂与卓文君和好如初。

现代社会进入了数字时代，人们也更热衷于用数字表达思想、说明问题，现实生活中用数字来表达思想观点的比比皆是，如现在常说的四项基本原则、“四个全面”战略布局、五大发展理念、“三七开”、“一个指头与九个指头之比”等。还有不少工程项目也用数字来表示，科研上有“863 计划”“973 计划”，教育上有“211 工程”“985 工程”等。

我自幼对数字比较有兴趣。上小学之前，在父母都是农民又都不识字，而自己只上过半天幼儿园的情况下，我已能进行一些加减乘除的运算。后来我上了学，小学和中学数学学得都不错，但阴差阳错大学学了文科。现在数学研究不了了，只好用数字来阐发一些感悟和心得。下面我就“一五一十”（五篇演讲，讲了十个数字）地慢慢道来。

# 一、“〇”和“一”的启示

“〇”和“一”看上去是数字中最简单的两个数，但它们又是内涵最丰富、用得最多的两个数，其中包含着丰富的辩证法思想，可以带给我们诸多启示。

## 1.“〇”（“0”）既是无又是有

### （1）“〇”（“0”）的出现是数字史上的一大创新

在〇、一、二、三、四、五、六、七、八、九这十个中文数字和0、1、2、3、4、5、6、7、8、9这十个阿拉伯数字中，“〇”和“0”（以下简作“0”）虽然现在一般排在前边，但它却出现得最晚。不仅阿拉伯数字，世界各国早期使用的数字中都没有“0”。

罗马数字中没有“0”。罗马数字是用Ⅰ（代表1，下同）、Ⅴ（5）、Ⅹ（10）、L（50）、C（100）、D（500）、M（1000）七个罗马字母做数字。相同的数字连写，所表示的数字等于这些数字相加得到的数，如Ⅱ =2，Ⅲ =3；小的数字在大的数字右边，所表示的数等于这些数字相加得到的数，如Ⅷ =8，Ⅻ =12；小的数字（限于Ⅰ、X和C）在大的数字左边，所表示的数等于大数减去小数得到的数，如Ⅳ =4，Ⅸ =9；在一个数上边画一条横线，表示这个数增值1000倍，如$\overline{X}$ =10000，$\overline{XI}$ =11000。1、2、3、4、5、6、7、8、9就用Ⅰ、Ⅱ、Ⅲ、Ⅳ、Ⅴ、Ⅵ、Ⅶ、Ⅷ、Ⅸ来表示。罗马数字因为书写繁难，如8732得写成$\overline{VIII}$DCCXXXⅡ，现在已经很少用了，不过钟表上有的还用罗马数字来表示时间。

**罗马数字与阿拉伯数字对照表**

| 基本字符 | I | V | X | L | C | D | M |
|---|---|---|---|---|---|---|---|
| 相应的阿拉伯数字表示 | 1 | 5 | 10 | 50 | 100 | 500 | 1000 |

用罗马数字表示时间的钟表

中国古代使用的是算筹，算筹中也没有“0”。中国古代的算筹就是用一些小棍子来进行记数和计算，书面上就用一些横线和竖线来表示。

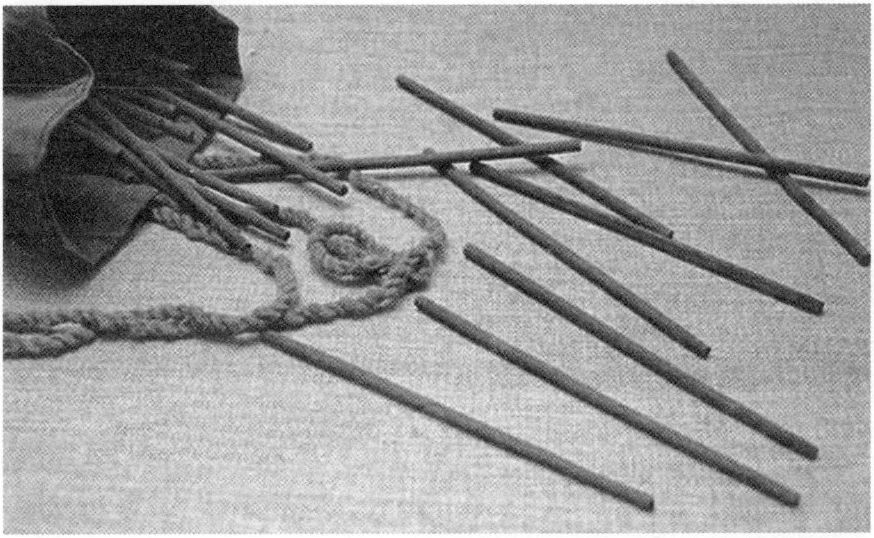

中国古代算筹

| | 1 | 2 | 3 | 4 | 5 | 6 | 7 | 8 | 9 |
| --- | --- | --- | --- | --- | --- | --- | --- | --- | --- |
| 横式 | 𝍩 | 𝍪 | 𝍫 | 𝍬 | 𝍭 | 𝍮 | 𝍯 | 𝍰 | 𝍱 |
| 纵式 | 𝍠 | 𝍡 | 𝍢 | 𝍣 | 𝍤 | 𝍥 | 𝍦 | 𝍧 | 𝍨 |

中国古代算筹与阿拉伯数字对照表

若表示一个多位数，即把各位的数字从左到右横列，个位数、百位数、万位数用纵式表示，十位数、千位数、十万位数用横式表示。如 86 用算筹来表示是𝍰𝍥，723 用算筹来表示是𝍦𝍪𝍢。遇见“0”就用空格或空位来表示，如 108 用算筹来表

示是丨 Ⅲ。在后来的具体计算中，算筹逐渐被算盘代替了，算盘就是在算筹的基础上演变而来的。

为什么“0”比其他的数字出现得晚？这是因为“0”较为抽象，人们认识得比较晚，所以出现得比较晚。具体事物的产生都是从无到有，而人对事物的认识则相反，是从有到无，总是先认识有，后认识无。据有关学者考证，汉字的“无”就来自“有”。有之缺失为无。甲骨文中的“有”是这样写的——“ㄓ”，而“无”是这样写的——“ㄐ”或“ㄴ”，把“ㄓ”从中劈开就变成了“ㄐ”或“ㄴ”。现在广东人运用古人的方法，把“有”字去掉两横，就是“冇”（念 mǎo）了，这个“冇”就是没有的意思，也就是无。“0”是由印度人发明的。（阿拉伯数字是由印度人发明的，后传入阿拉伯地区，又由阿拉伯人传入欧洲，所以被误认为是阿拉伯人发明的，称为阿拉伯数字）阿拉伯数字中的 1、2、3、4、5、6、7、8、9 早在公元前就出现了，而“0”要晚得多，到大约公元 8 世纪才出现。阿拉伯数字传入中国大约在公元 13 世纪至 14 世纪之间，真正普及只有百来年。由此可以看出，人类认识有相同的规律，不管何种文化，人们总是先认识具体的东西，后认识抽象的东西，由具体再到抽象。

### （2）“0”是一个十分奇特的数

“0”在表示数量上是无，是没有。1 减去 1 等于 0，5 减去 5 等于 0。一般人把“0”看作什么也没有。如张三身上有 0 元钱，表示张三身上没有钱，一文也没有；山上有 0 棵树，表示山上没有树，一棵也没有。“零增长”表示没有任何增长；“零距离”是指密切接触，没有丝毫距离；“零接触”是指没有任何接触；“从零开始”就是从没有重新开始。

而“0”在表示事物的状态时不是无，不是没有，而是实实在在的一种状态，一种实实在在的有。例如，温度的 0 摄氏度不是没有温度，而是一种低于 1 摄氏度高于零下 1 摄氏度的温度，如果换作华氏温度，0 摄氏度等于华氏温度的 32 度。开尔文温标的 0 度，即绝对零度，等于摄氏温标的零下 273.15 度。还有海拔的零度也不是没有高度，而是指海平面的高度，并且这个高度是不断变化的，受气候变暖、极地冰川融化、上层海水受热膨胀等因素的影响，海平面在不断上升。据观测，在 1901—2010 年的一百多年间，全球海平面平均上升了 19 厘米，平均每年上升 0.17 厘米。我国沿海海平面上升的速度更快一些，每年上升的速度为 0.3 厘米。科学家呼吁我们要尽快采取针对性的措施来降低海平面上升可能带来的风险，诸如沿海城市雨水无处可排、河口水源地无淡水可取等。人们常说，要学会不断将自己“归零”，意思是不要让过去取得的成绩、荣誉影响以后的进步与发展。但“归零”也不是把什么都一概抹去，归于没有，而是说要以此为新的起点，重新开始。所以恩格斯在《自然辩证法》中讲：“零是任何一个确定的量的否定，所以不是没有内容的。相反地，零是具有非常确定的内容的。”（恩格斯《自然辩证法》，人民出版社1984年版，第167页）他还说：“任何一个量的无，本身在量上还是规定了的，并且仅仅因此才可能用零来运算。”（同上，第168页）

由此可以说明，有和无是辩证统一的。无中蕴含着有，有可以转化为无。黑格尔说：“任何事物的无，是一个特定的无。”（黑格尔《逻辑学》上卷，商务印书馆1976年版，第76页）这个特定的“无”，换种角度看就是“有”。有的东西看得见、摸得着，容易感觉得到“有”，但这个“有”终将还会归于“无”。有的东西看不见、摸不着，但这并不代表无（没有），而常常是比“有”还厉害，比“有”还起作用。我们的祖先就曾把自己认为看不到却又能主宰人们生活的神灵叫作“無”（无），并通过“舞”（当时是一种诚惶诚恐的仪式，而不是现在的休闲娱乐活动）这种有形的动作作为一种仪式，来和无形的神灵交流沟通，祈求神灵的谅解和帮助。（参见庞朴先生在《谈玄说无》中对舞蹈的“舞”字的分析）老子在《道德经》中深刻阐述了“有无相生”的道理，特别强调了无的作用。他说：“天下万物生于有，有生于无。”“有之以为利，无之以为用。”他还举例说：“三十辐共一毂，当其无，有车之用。埏埴以为器，当其无，有器之用。凿户牖以为室，当其无，有室之用。”车轮上三十根木条聚集在一个车轴中，有了轴心空虚之处，才有车的作用。陶器有了中空，才能装东西，才有器皿的作用。开凿门窗建造房屋，有了室内空虚之处，才能住人，才有房屋的作用。

冯远　《寒江独钓图》

因此，我们的眼睛不能只盯在“有”上，而忽视“无”。要善于用“无”来体现“有”，表达“有”。中国画的一大特点就是留白（西方的油画都是画得满满的），留白并不是什么也没有，什么也不表示，而是留下了想象、回味的空间，有时比不留白表现的东西还要多。如南宋冯远的《寒江独钓图》，整个画面上只画了漂浮于水面的一叶扁舟和一个在船上独坐垂钓的渔翁。渔翁身体略微前倾，全神贯注，或许此时正有鱼儿咬钩。由于钓者坐在船的一端，故而船尾微微上翘。四周除寥寥几笔的微波外，几乎全为空白。然而，就是这片空白表现出了烟波浩渺的江水和极强的空间感，更突显出一个“独”字，衬托了江上寒意萧瑟的气氛，从而更加集中地刻画了渔翁专心垂钓的神情，也给观赏者营造出一种邈远的意境，提供了广阔的想象空间。

再如现代国画大师齐白石的《蛙声十里出山泉》，画家用简

齐白石 《蛙声十里出山泉》

略的笔墨勾勒出这样一幅画面：在远山的映衬下，从山涧的乱石中泻出一道急流，六只蝌蚪在急流中摇曳着小尾巴顺流而下，活泼地戏水玩耍。画面上不见一只青蛙，但人们可以从那稚嫩的蝌蚪联想到画外的蛙妈妈，它们在大声鸣叫，使人隐隐如闻远处的蛙声正和着奔腾的泉水声，演奏出独特的乐章，连成蛙声一片的效果。这幅画的巧妙构思曾轰动一时。据说这画的题目是著名作家老舍出的，齐白石很长时间找不到下笔之处，后来还是老舍写信给齐白石建议："蝌蚪四五，随水摇曳，无蛙而蛙声可想矣。"类似的还有电影艺术的空镜头、诗歌语言的跳跃等。

善于用"无"体现"有"的典型例子还有"无字碑"。碑是刻上文字用来纪念事业、功勋或作为标记的石头，但也有一些上面不刻一字的"无字碑"。"无字碑"并不是没有意义，反倒往往给人提供了更多的思考和想象的空间。

中国历史上比较有名的无字碑，是

中国历史上唯一的女皇帝武则天的，在陕西的乾陵。武则天的无字碑是用一块完整的巨石雕琢而成的，凝重厚实，碑上所刻纹饰精细流畅。对于碑上为什么无字，有多种说法。第一种说法是武则天立无字碑用以夸耀自己，表示自己功高德劭非文字所能表达。武则天从公元655年做皇后开始，到公元705年被迫退位，前后参与朝政和掌握最高权力达50年之久。她在政治上打击豪门世族，并通过发展科举制度，使得大量人才进入政治舞台。她奖励农桑，兴修水利，减轻徭役并整顿均田制，使社会经济不断发展。她注意加强国家的边防，改善与边境各族的关系，稳固和发展了“贞观之治”，并为后来的“开元之治”奠定了基础，在整个唐

陕西乾陵的无字碑

朝历史上起到了承前启后的作用。总之，她是中国历史上一位有作为的政治家，唯一的杰出女皇帝。第二种说法认为，武则天立无字碑是因为自知罪孽深重，感到还是不写碑文为好。武则天是以阿谀奉承的手段取得信任，从地位较低的才人，爬到掌握大权的皇后，最后窃据皇位的。她在位期间，培植党羽，消灭异己，任用酷吏，实行告密和恐怖政策。特别是在男权社会中，一个女人窃取了最高权力，也受到了人们的诟病。第三种说法认为，武则天是一个有自知之明的人，立无字碑是聪明之举，是非功过留待后人去评说。第四种说法是，继位的唐中宗、武则天的儿子李显对武则天不知如何称呼，是称武则天为先帝呢，还是称武则天为太后？并且关于如何评价武则天也一直争论不休，碑文无法撰写，所以那碑只好始终空着。但不管是何种原因，这座无字碑正因为无字而闻名遐迩，也成了女皇武则天的象征。

另一方面，要善于在“无”中看出“有”，发现“有”。“于无字处看书，于无声处听音，于无画处观景。”听话要善于听出言外之意、弦外之音，读书要善于读出字里行间无字之处的思想。鲁迅先生的小说《狂人日记》中的狂人，就是在写满仁义道德的历史的字缝中，看出了封建礼教“吃人”的本质。

亲人、朋友把自己的缺点、错误毫不客气地指出来，看似无情，然而却是真关心、真爱护，是大有情。如果对自己的缺点、错误不讲原则地加以袒护，这样做看似有情，实则是害了自己，反倒是无情。正如佛家语云：“小有情，实无情；大有情，似无情。”

还有，垃圾是废弃无用之物，我们要看到，这无用之物通过适当的方式加以处理就能变成有用的东西，所以有种说法，叫作“垃圾是放错了地方的资源”。一个人在某一方面没能耐，不等于在其他方面都没能耐。在“有”的地方看出有，那不叫本事，在“无”的地方能看出有，那才叫本事。

### （3）“0”还有一些其他独特的性质

除此之外，“0”还有其他一些独特的性质，我们从中也可以悟出一些道理。比如：

“0”不是正数也不是负数，是正数和负数的分界点，是唯一真正的中性数。由此可以说明，事物除了对立的两端，还有中间状态。时间有过去、未来，还有连接过去与未来的现在。选举表决有赞成、反对，还有既不赞成也不反对的弃权。体育比赛有胜有负，还有不胜不负的平局。国与国的关系中有敌人有盟友，还有既不是敌人也不是盟友的伙伴关系。习近平总书记近几年就大力倡导在国与国的交往中要“对话而不对抗，结伴而不结盟”。人有先进有落后，大多属于中间状态。所以我们要超越非正即负、非黑即白、非此即彼的两极对立的思维模式，善于在两极对立中发现中间状态，利用中间状态。（参见本书“从‘二’中寻求‘三’”）

“0”不能做除数，“0”乘任何数都使这个数变成0。这一点启示我们，在多种因素构成的事物中，不能忽略其中的任何一个因素。例如，成就 = 身体 × 才干 × 勤奋 × 机遇，其中一个因素为0，结果就等于0，如身体不行，人没了，其他一切也都没了。再如，考察一个干部，要从德、能、勤、绩、廉诸方面入手，如果某一方面不行，特别是如果在品德方面、廉洁方面出了问题，其他方面也就不用讲了。还有，我们谈发展，就要坚持全面发展、协调发展。党的十八大提出的中国特色社会主义事业建设的总体布局，就是经济建设、政治建设、文化建设、社会建设、生态文明建设“五位一体”。党的十八届五中全会提出的五大发展理念也强调协调发展，特别要解决好区域发展不平衡、城乡发展不协调、产业结构不合理、经济和社会发展“一条腿长、一条腿短”等突出问题。只有这样才能优化结构、补足短板，才能健康发展，才能可持续发展，才能克服“木桶效应”，取得最好的效益。

## 2.“一”（“1”）既是最小又是最大

### (1)“一”（“1”）是出现最早的数字

《史记 · 律书》说：“数始于一，终于十，成于三。”现在大人教小孩儿认识数，也都是从“一”开始。正因如此，在人类文化中，“一”被赋予了本源、万物之始的意义。我们中华文化的典籍中关于这方面的论述很多。如：“惟初太极，道立于一，造分天地，化成万物。凡一之属皆从一。”（《说文解字》）“道生一，一生二，二生三，三生万物。”（《道德经》）“数之始也，物之极也。”（《广韵》）“夫一者，乃道之根也，气之始也，众心之主也。”（《太平经》）

**(2)“一”（“1”）是小与大的统一**

恩格斯在《自然辩证法》中对“一”做过精辟的阐述，他说：“再没有什么东西看起来比这个量的单位更简单了，但是，只要我们把它和相应的多联系起来，并且按照它从相应的多中产生出来的各种方式加以研究，就知道再没有什么比一更多样化了。”（恩格斯《自然辩证法》，人民出版社1984年版，第166页）

“一”一般意味着小，意味着少。“1”是最小的正整数。“一尘不染”“一文不值”“一毛不拔”“一无所获”“一得之见”“一事无成”“九牛一毛”“九死一生”等中的“一”都是强调其小、其少。清朝大臣张伯行是河南人，他写过一篇《禁止馈送檄》，文中写道：“一丝一粒，我之名节；一粒一毫，民之脂膏。宽一分，民受赐不止一分；取一文，我为人不值一文。”其中的八个“一”，使张伯行清正廉洁的形象跃然纸上。

“一”又是最大，“一”即百分之百，它可以表示全部、所有，一就是一切。郭沫若曾经有诗云：“一切的一，一的一切。”如“一概”是指所有、全部；“一生”是指一个人从生到死的全部时间；“一身是胆”就是全身是胆；“一应俱全”就是一切应该有的全都有了；“一心一意”就是全心全意、满心满意。再如涉及群众利益的工作中，一个失误，只是全部工作中的很小一部分，但对所涉及的具体的人来讲，可能就会造成百分之百的损失。特别是在司法实践中，一个案子办错了，就算它在所有办理的案件中占的比例很小，可能只是百分之一、千分之一，甚至是万分之一，但对被错判的人来讲就是百分之百。

“一”用于表示等级（级别），有时表示大，表示最高的等级。如我国古代的官员分为九品，一品最大，级别最高，县令一般是七品，俗称芝麻官，那九品就更小了。现在我国的国家公务员，分为二十七个级别；一级级别最高，只有正国级才是一级；二十七级最低，是刚进入仕途的办事员。现在高等学校的教授分为四级，也是一级最高，一般要有院士的头衔才能当一级。还有日常生活中讲的“老一”就是老大。“一”有时又表示小，表示最低的等级。如过去的工人分八级，八级最高，一级最低。医院分为三级，每级再分甲、乙、丙三等（三级还增设了特等），三级特等最高，一级最低。“一”有时候表示大，有时候表示小，有时候表示高，有时候表示低，这就需要认真分辨，如不注意就会闹出笑话。20 世纪 70 年代末，我在河南大学上学时，有次学校几位教授要一块儿坐火车去北京开会。当时卧铺票不好买，只买到了一张，其余的都是硬座票。他们之中一位是二级教授，其他几位都是三级教授。陪同他们去的学校教务处的一名工作人员误认为三级教授比二级教授级别高（“文革”以前，高等学校的教授分为三级，一级最高，三级最低。一级教授人数很少，整个河南省就一两位，二级也不多。“文革”期间，大学停办了一些年。20 世纪 70 年代末，“文革”刚结束，大学还没有恢复职称评审制度。所以这位工作人员不知道教授是数越小级别越高，数越大级别越低，也就不足为怪了），如何分票就成了一个难题。唯一的一张卧铺票分给那位二级教授吧，觉得他的级别比人家几位都低，说不过去；分给三级教授吧，人数又比较多，不好分。最后这位工作人员费了些心思，查了查几位三级教授的年龄，把卧铺票分给了三级教授中年龄最大的一位。

古人写了很多“一字诗”，其中的“一”有的是“少”“独”的意思，有的则是“全”“满”的意思。如清代文学家陈沆曾写过这样一首诗：“一帆一桨一渔舟，一个渔翁一钓钩。一俯一仰一场笑，一江明月一江秋。”诗中一连用了十个“一”，不但毫无单调重复之感，反而妙趣横生，很有意境。类似的“一字诗”我们还可举出一些，比如：“一季秋雨一山红，一水黄花一飘蓬。一世情缘一夜冷，一场残梦一场空。”“一道残阳一云帆，一杯冷酒一花笺。一声鸦啼一残梦，一身离愁度华年。”“一纸空文一盏灯，一场寒雨一阵风。一缕相思一行泪，一水茫茫一孤鸿。”“一山一寺一老僧，一砚一茶一孤灯。一心念佛求新悟，一人独对一卷经。”“一山一水一世界，一天一地一怀中。一花一草一春梦，一雨一雾一阵风。”等等。我们可以细细去体会其中的“一”所表达的意思。

说到“一”不能不说“多”，一是和多相联系的，二者是不可分离、相互包含的。多由一组成，没有一就没有多；多又归于一，一中包含着多。恩格斯说：“任何数是由相加起来的一所组成，因而自身包含着一，那么，一自身也同样包含着其他一切数。”（恩格斯《自然辩证法》，人民出版社1984年版，第166页）如长度1000米是1米1米加起来的，或者说可以分解为1000个1米，而1000米又可称作1千米，1千米包含多个（1000个）1米。1米又可分成10分米、100厘米、1000毫米……同样，重量1000克是1克1克加起来的，或者说可以分解为1000个1克；而1000克又可称作1千克，1千克又包含了多个（1000个）1克，1克又可分成1000毫克、1000000微克、1000000000纳克……佛学讲的“一花一世界，一叶一如来”也有这个意思。

### （3）“一”（“1”）可以帮助我们理解小与大的辩证关系

“一”既可以表示最小，又可以表示最大，说明小与大是相通的，是相反相成的。

大中有小，小中有大。大中包含着小，大事都是由一系列小事组成的，再大的物体都是由一个个小小的原子构成的，再大的生物都是由一个个小小的细胞构成的。小中也体现着大，一叶知秋，一滴水可以见太阳。物理学提出极小的空间和极大的空间可以有相同的物理现象。生物学认为人类个体胚胎的发育史以缩影

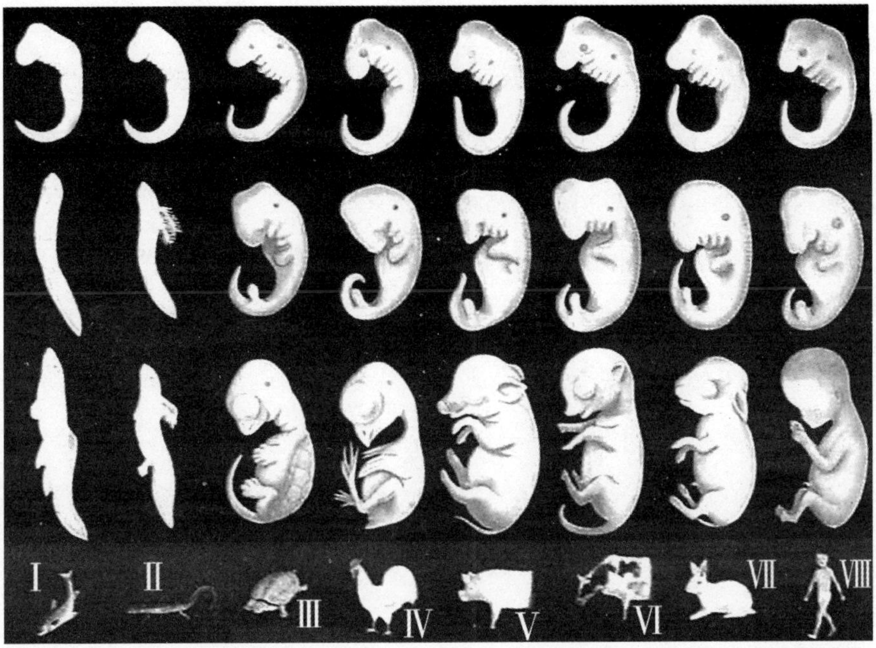


人类胚胎发育过程以缩影的形式演绎了整个生物系统的发展史

的形式重演了整个生物系统的发展史。马克思还讲过，如同人类个体胚胎的发育史以缩影的形式重演了整个生物系统的发展史一样，人类个体意识的发展史以缩影的形式再现整个人类意识的发展史。老子在《道德经》中讲过一句十分有名的话——“治大国若烹小鲜”。王蒙先生曾评价这句话说：“这是整个《老子》中最奇突、最有光泽、最迷人、最令人拍案叫绝的千古名句。有这样一句话，其立言之功已经永垂史册。这是思想与语言的杰作，这是智慧与经验的异彩，这是出人意料的闪电惊雷，这是超常的令人一跳三尺高的命题。”（王蒙《老子的帮助》，华夏出版社2009年版，第243页）这句话妙就妙在把“大”与“小”，特别是把“治大国”这样严肃重大的话题与“烹小鲜”这样轻松琐碎的事情放在一起，对应起来，说明二者之间的道理是相通的，都需要拿捏好分寸，把握好火候，既不能马虎大意，等其烧煳了才翻，也不能过多地随便翻动，否则它就烂了。习近平总书记2013年在接受外国记者采访时也曾引用这句话，他说，领导者“要有‘治大国如烹小鲜’的态度，丝毫不敢懈怠，丝毫不敢马虎，必须夙夜在公，勤勉工作”。

所以我们看问题要善于以小见大，见微知著，窥一斑知全豹，通过解剖麻雀去了解一般的规律。司马光在《资治通鉴》中说：“夫事未有不生于微而成于著。圣人之虑远，故能谨其微而治之；众人之识近，故必待其著而后救之。治其微，则用力寡而功多；救其著，则竭力而不能及也。”殷纣王的叔父箕子从纣王使用象牙筷子推断出纣王必然亡国。纣王使用象牙筷子，今后必然不再用粗陶制的器皿，必用犀玉之杯，用了犀玉之杯，就不再吃野菜，穿粗布衣，住茅草房，则必披锦衣，脚踩高台广室，收集奇珍异宝，由此而始，必然耗尽天下财力，最后走向灭亡。没过多久，纣王果然建造了豪华富丽的鹿台，他酒池肉林、穷奢极欲的生活，激起人民的反叛，纣王终成为亡国之君。再举两个有关经济问题的例子。一个是有人从某一地方人们使用的钞票的整洁程度去判断当地的经济发展状况和人们的富裕程度。使用的钞票比较新、比较整洁，说明这个地方经济发展得比较快，人们比较富。经济发展快，钱就多，钱越多，流通得越快，在口袋里装的时间就比较短。使用的钞票破旧、皱皱巴巴，说明这个地方经济发展得不怎么样，人们比较穷。经济不发展，钱就少，钱越少，越舍不得花，攥的时间就比较长。另一个是美联储前主席格林斯潘的“男士内裤指数理论”（Men’s Underwear Index Theory），就是追踪男士内裤的销售情况去感知经济复苏的情况。这个理论背后的逻辑是，男人把内裤看成必需品，而非奢侈品，因此其销量应该比较稳定才对，只有当经济急剧下滑时，男人才会拖长更换新内裤的时间，因此内裤销量的下降预示着总体经济的疲软，同理，内裤销量增加也意味着经济开始走强。格林斯潘在任职美联储主席期间，曾用这个指标成功地为美国的经济走势把脉，后来也被 2009 年的实践所验证，美国那年男性内裤的销量一反增加

美联储前主席格林斯潘提出男士内裤指数理论

的预测而下降了2.3%，经济衰退接踵而来。尽管有不少批评者认为这个理论很不靠谱，他们争论说有些女人也会买男士内裤穿，而且依多数男人的本性，只有到内裤没法穿了的程度才会去买新的，因此和经济情况无关。但最近几年的男士内裤销量却再次验证了格林斯潘的“男士内裤指数理论”。近几年美国经济不断好转，美国男士内裤销量也不断增加。自2009年以来，北美男士内裤销售额已经增加了11亿美元。

我们不仅要善于以小见大，还要善于把小做大。做学问提倡的就是“小题大做”，聚焦一个小问题深钻深挖，取得突破；忌讳的是大题小做，泛泛而谈，了无新意。中国工程院院士、中南大学教授黄伯云长期致力于航空制动材料的研究，采用特种陶瓷强化铁基材料和梯度复合技术，突破了传统金属基摩擦材料存在的“稳定性差”和“重载耐磨性差”的技术难题，研制出了高性能的飞机刹车材料，产生了巨大的经济效益和社会效益。中国社会科学院学部委员庞朴先生抓住一个常用的汉字“无”，运用逻辑与历史相一致的方法，分析了“无”字在不同历史时期的不同含义，写出了一篇精彩的论文，提出了十分独到的见解，解决了诸如“老子哲学是唯物的还是唯心的”等中国思想史上长期争论不清的问题。其他方面的发展也是这样。浙江省在供给侧结构性改革中，根据本省的实际实施了一项发展规划，即“特色小镇建设”，其实质就是整合资源，在小镇里做大产业。规划的每个小镇面积不超过3平方千米，只做一个有自身特色的产业，如丝绸、珍珠等，但要做精、做强、做大，做成本行业的龙头老大。

大可以变小，小也可以变大。中国民间有个说法，叫作九九归一（归根到底之意），九是十个数字中最大的数，但九九又归于一，归于最小。大事又都是小事发展来的，小问题也可以酿成大事端。一个细胞的癌变可以致人死亡，一个小案件处理不当会蔓延成社会危机。现在环境问题成了大问题，特别是对PM2.5，大家感受更直接。这个大问题是由一个个小问题积累起来的，人人都在制造PM2.5，只要在生产生活中消费资源，不管消费的是哪种资源，都会直接或间接产生有害于环境的PM2.5和其他污染物。所以，治理环境问题也要从一个个小问题开始，人人都要增强环保意识，都有责任去减少PM2.5，都应多做一些力所能及的小事，如节约一张纸，少开一次车等。做工作、办事情都要注意从大处着眼，小处着手。老子在《道德经》中讲："合抱之木，生于毫末；九层之台，起于累土；千里之行，始于足下。""天下难事，必作于易；天下大事，必作于细。"要成大事，必须先从小事情做起，先把小事情做好。中国工农红军在初建时期就高度重视作风建设和纪律建设，而且坚持从具体的小事抓起。著名的"三大纪律，八项注意"最早的条文中，有上门板、捆铺草、洗澡避女人等内容，这些看起来都是小事，但其意义却十分重大。陈云同志曾经说过："一支新型的工农军队，不从这些每天要遇到的实际问题解决起，怎么能够建立起来？怎么能够把传了几千年的旧军队的作风改变过来，建立起真正的军民鱼水关系？不解

人民艺术家、豫剧大师常香玉

决官长打骂士兵、搜俘虏腰包这样具体的问题，怎么能够建立新型的官兵关系？怎么能够使被俘的敌军愿意加入红军？”被授予人民艺术家称号的豫剧大师常香玉把自己从事的事业看得很重，常说“戏比天大”。正因为她把演戏看得很大，所以在任何事情上都一丝不苟。她在70年的舞台生涯中，没有念错过一句台词！她的女儿常小玉曾说，她跟着母亲初学戏时，一次唱错了一个词，母亲就严肃地批评她，她不以为意地说：不就一个词嘛，以后注意不就行了！结果惹她母亲大动肝火，拿起一根棍子就朝着她打开了。在这点上中外是一致的。《圣经》中讲有个主人要出门远行，他让管家负责处理家务。主人回来发现管家把小事情处理得很好，就对这个管家说：“你在小事上做得很好，我将来要委托你做大事。”所以我们无论做什么都既要看大局，观大势，把握好大方向，又要从具体的细小的事情做起，抓细抓小，逐渐积累，久久为功，积跬步以至千里，积小流以成江海。党的十八大以后，我们党抓作风建设，就是从贺卡、月饼等小事抓起，坚持不懈，逐步深入，取得了明显成效。

同时也要注意克服偏好大的倾向。我们中国人虽然历史上也有不少重视小的言论，除上所述外，还有“图难于其易，为大于其细”（《道德经》），“尽小者大，慎微者著”（《资治通鉴》），等等，但骨子里喜欢大、偏好大。说“大”往往带有褒义，如大家、大师、大腕儿、大气、大作、大智慧、大手笔、大战略、大思路、大举措、大交通、大投入、大产出，等等。说“小”往往带有贬义，如小人、小丑、小气、小聪明、小家子气，等等。说重视小还是为了大，总觉得不管什么事情都是大了好，甚至是越大越好。说发展，就要“大跃进”。说变革，就要“大革命”，如“文化大革命”。20世纪五六十年代曾经全民都吃食堂，认为食堂办得越大，越符合人民公社“一大二公”的特点。我老家（河南南阳）当时就是几个自然村一个食堂，食堂就办在我们村，每逢开饭，周围几个村的人都来我们村吃饭，好不热闹。但好景不长，很快就没有吃的了，只好散伙了。现在办大学，有的也是一味地搞规模，动辄几万人，给管理带来不少问题。大学的规模也有个适度的问题，究竟多大规模合适、效益最好，需要认真进行研究。国外一流的大学规模一般都不是很大。

实际上，一味追求“大”，反而成不了“大”。老子说过：“圣人终不为大，故能成其大。”圣人不刻意去做大事，认真把小事做好，反而能成就大事。大与小并无优劣之分。大有大的优点，小也有小的好处；小有小的问题，大也有大的难处。应结合具体情况进行具体分析，宜大则大，宜小则小。喜欢大偏好大，实际生活中表现的多为从大处着眼，倡导的多为大而化之，而在小事、细处上着力不够，做得不精不细，导致我们现在可以造出氢弹、原子弹、载人航天飞船，却造不好马桶盖，造不好圆珠笔的钢珠。

几年前，王力与王一男父子合著了一本书，书名很有意思，叫《天大的小事》。这本书以图文并茂（父亲撰文，儿子摄影）的形式，通过大量中国与西方城市细节上的对比，说明了中国城市在管理上的差距。这本书出版后引起了不小的反响，《人民日报》多次予以报道，称之为“城市文明的谱系”。不少城市的管理者都把它作为必读书籍，指出该书介绍了西方发达国家在城市管理中的人性化设置和精细化管理，是值得借鉴的提升城市管理理念的好教材。这本书讲的都是日常生活中的一些小事，但却显示出了我们在城市管理中从理念到实践上存在的诸多问题。如北美普通公寓居室天花板上都有三个带电的物件，一是顶灯，二是烟感报警器，三是楼宇危情报警喇叭——专门用于遇到危急情况及时通知各家各户，从而最大限度地减免伤亡。我们国内的楼房大多有前两个物件，而没有后一个物件。如遇火情，门板薄的、睡觉轻的还能闻风而动，赶上房

王力、王一男 《天大的小事》

门隔音效果好且睡眠质量高的，不出大事才怪。再如，北美不少城市随处设有简易“广告柱”，专供张贴小广告，有些还特意把电线杆下部加粗以方便小广告张贴。而我们国内的城市很少有这样的设施，致使小广告到处乱贴，“办证”直接写在墙上，“收药”直接贴在地上。虽大力整治，却收效甚微，成了城市的“牛皮癣”。

**(4) “一”（“1”）还具有“专一”“纯粹”的意思**

“1”也还有一些特殊的性质，如：

任何数乘 1 都等于它本身，任何数除以 1 都等于它本身。

1 的任何次方都是 1，1 的任何次方根都是 1。

任何非 0 数的 0 次幂都等于 1。

1 的绝对值还是 1。

无论怎么变化，“一”还是“一”，“始终如一”。由此可以看出，“一”还具有“专”（专一）、“纯”（纯粹）的意思，贯彻始终，从不轻易改变。所以历代文人志士都十分推崇这个“一”字，都强调“贵一”“抱一”“守一”。孔子在谈论自己的学问时曾说：“吾道一以贯之。”庄子认为：“通天下一气耳，圣人故贵一。”苏轼则说：“不一则不专，不专则不能。”我们也应从中受到启发，做人要有一个坚定的信念，矢志不渝地坚持。做事要有定力，看准一个方向，专心致志、心无旁骛地干下去。

## 3.“〇”（“0”）和“一”（“1”）组成全部世界

数学家莱布尼兹说过，世界是由“0”和“1”组成的。“0”和“1”是简单而又普通的两个数，但它们组合起来可以表达出无限复杂的宇宙万象。

### （1）“〇”（“0”）和“一”（“1”）构成万事万物

《易经》中讲，阴阳构成了宇宙万物。并用“—”表示阳。“--”表示阴，阴阳和合、组合变化产生出万事万物。老子在《道德经》中有句名言：“道生一，一生二，二生三，三生万物。”

数学是表达大自然规律的最好语言。在数学二进位制中，用“0”和“1”两个数字就可以表示所有的数值。电子计算机和互联网就是根据这一原理将所有信息归结成数据表示形式：“0”和“1”（可以用电器的开与关来表示，用开表示“1”，用关表示“0”。也可以用磁极的 N 和 S 来表示，我们的硬盘就是用磁极的变化来存储数据的，N 表示“0”，S 表示“1”），再加上逻辑关系，就可以表达世界所有的事物和现象。而世界本来就是这样构成的，如人类社会是由男性和女性组成的，许多民族用“1”代表男人，用“0”代表女人。

由此可以看出，简单可以构成复杂，复杂又可以归于简单。

复杂的问题都是由简单的因素逐步演化而来的，反之，复杂的问题也可以经过一定的程序分解为简单的问题。因此，我们要善于化复杂为简单，变复杂问题为简单问题。科学常常就是把复杂模糊的问题化为简单清晰的问题，然后再去寻求解决的办法。如围棋这种十分复杂的智力游戏可以通过计算机简化到用二进位制来表述。2016年3月，谷歌开发的人工智能机器人“阿尔法狗”（Alpha Go）以4：1的成绩战胜了世界围棋冠军、职业选手九段李世石。再如颜色，五颜六色，千变万化，经过研究发现，可以归结为红、黄、蓝三原色。这样就可以反过来由红、黄、蓝三原色加以组合变化生成各种各样的颜色。

不仅科学是这样，生活中的其他方面也是这样。如读书要善于化复杂为简单，也就是常说的把厚书读薄。一本几百页的书，可能洋洋数十万言，但其中基本的东西往往是很有限的。要通过仔细阅读，反复琢磨，把书中的精华归纳、提炼出来。一本书真正读通了，弄透了，也就知道了这本书无非就是讲了那么几条，并没有太多的东西。然后，再由这几条展开联想，把它再丰富起来，甚至由这门学科联想到其他学科，这样就能融会贯通了。

但在现实生活中，不少人却反其道而行之，更倾向于或更习惯于把简单问题复杂化。讲起话来，动辄洋洋万言，像当年毛泽东在《反对党八股》中所讽刺的，一国际，二国内，三边区，四本部。做起文章来，则叠床架屋，大一二三套小（一）（二）（三），还有甲乙丙丁戊己庚辛，再加 ABCD、abcd。好像只有这样才显得有学问、有水平。其实，“大道至简”，真正的大道理（指基本原理、方法和规律）都是极其简单的。有时候简单到一句话就能说明白，所谓“知其要者，一言而终”，“真传一句话，假传万卷书”。如人是要吃饭的，人不吃饭就无法活下去，这就是大道理。马克思就是由此出发确立了唯物史观，提出了物质资料的生产方式决定社会形态的发展变化的思想。爱因斯坦用以表达质量与能量之间关系的质能方程式也很简单，就是 $E=mc^2$，其中的 $E$ 表示能量，$m$ 表示质量，$c$ 表示光速常量。如果把一门学问或一门技术弄得很复杂很深奥，常常是因为还没有把握问题的实质，还没有抓住事情的要害。曾听说过这样一个故事：一个企业

著名物理学家阿尔伯特·爱因斯坦

引进了一条香皂包装生产线，在生产过程中发现存在一个缺陷，时常会有香皂没有装入盒子中，造成空盒子现象。该企业技术部门专门成立了一个攻关小组，他们综合采用机械、微电子、自动化X射线探测等技术来解决这个问题。他们还在奋力攻关时，一个一线工人搬来一个大功率电风扇，放在生产线旁边对着吹，没装入香皂的空盒子就被吹走了。问题就这样十分简单地解决了。

还有日常生活中的很多东西也被搞得越来越复杂，越来越奢华，有些已经背离了“满足生存和发展所需”的本来价值。如手机的功能越来越多，其中相当一部分功能对多数人是无用的。有个段子讲：一部高档手机，百分之七十的功能是无用的；一款高档轿车，百分之七十的速度是多余的；一栋豪华别墅，百分之七十的面积是空闲的。房屋的装修越来越繁杂，其中一些仅仅是摆设，没有多大的实用价值。有些不仅没有实际意义，一些装修的材料还会污染居住环境，影响身体健康。现在有人提倡简朴化的生活方式，提倡回归简单，回归自然，这是有远见的，有意义的。

**(2) 从“0”到“1”之间的数值可以表示从“没有”到“全有”的所有情形**

如上所述，“0”表示没有，“1”可以表示所有，因此从“0”到“1”之间的数值可以表示从“没有”到“全有”之间的全部情形。科学上不少定律、规则是用0和1之间的数值（[0,1]区间）来表达的。

如基尼系数。基尼系数是经济上用来考察居民内部收入分配差异的一个重要分析指标，其数值在0和1之间，最大为“1”，最小为“0”，前者表示居民收入分配绝对不平均，即百分之百的收入被一个群体的人全部占有了；而后者则表示居民之间收入分配绝对平均，即人与人之间收入没有任何差异。根据联合国有关组织规定，基尼系数低于0.2表示收入过于平均，高于0.4表示收入差距过大，0.3到0.4之间表示收入分配相对合理，通常把0.4作为收入分配差距的警戒线，大于这一数值则容易影响社会稳定，引起社会动荡。国家统计局公布的最近几年我国的基尼系数，2012年为0.474，2013年为0.473，2014年为0.469，有些偏高了，高于国际公认的警戒线。所以党的十八届三中全会通过的《中共中央关于全面深化改革若干重大问题的决定》在讲到收入分配问题时，指出要调节过高收入，增加低收入者收入，扩大中等收入者的比重，逐步形成橄榄型的分配格局。

又如相似指数。相似指数是用来表示事物之间相似程度的指标，其数值也是在0和1之间。“0”指完全不同，“1”指完全相同。地球相似指数就是用来衡量一颗行星与地球相似程度的量，火星与地球的相似指数是0.64，水星是0.39，金星是0.74。美国航空航天局最近宣布，通过开普勒太空望远镜发现一颗行星，编号为开普勒452b，它距离地球1400光年，其体积大约是地球的1.6倍，绕着一颗与太阳非常相似的恒星运行，上面可能拥有液态水，与地球的相似指数是0.98，被人们称为地球的“孪生

开普勒 452b 行星与地球的比较图

兄弟”。

再如模糊数学。模糊数学是研究和处理模糊性现象的数学理论和方法。在日常生活中，经常会有许多模糊事物，没有分明的数量界限，如美丑、胖瘦、高矮、冷热等，这些概念都难以用简单的是或非来表示。模糊数学用介于 0 和 1 之间的实数表示其隶属程度，说明在是与非之间，还存在中间过渡状态，比如“老人”是模糊概念，70 岁的人肯定属于老人（各国对老年期的定义也不完全一样，一般来说，发展中国家为 55 岁，发达国家为 65 岁，我国中华医学会认为，60 岁以上的为老年人），它的隶属程度是 1，

40岁的人肯定不能算老人，它的隶属程度是0。按照模糊数学的创始人扎德给出的公式，55岁的人属于“老”的程度为0.5，即半老，60岁的人属于老的程度为0.8。

# 二、从“二”中寻求“三”

我今天讲的题目是《从“二”中寻求“三”》，但讲的不是数学问题，讲的是哲学问题，讲的是思维方式的问题。思维方式很重要，恩格斯在其名著《路德维希·费尔巴哈和德国古典哲学的终结》中曾经提出过一个重要论断：哲学革命是政治变革的前导。（《马克思恩格斯文集》第四卷，人民出版社 2009 年版，第 267 页）实际上，不仅政治变革以哲学变革为前导，一切大的社会变革都是以思维方式的变革为前导的。远的不说，就说我们现在还在进行的改革开放大业就是以真理标准问题的讨论拉开帷幕的。如果没有这场大讨论，没有确立实践是检验真理的唯一标准，那就无从去谈改革开放！我到中央党校学习，在开学典礼上，习近平总书记要求我们认真学习马克思主义的经典著作，特别强调要学好马克思主义哲学，他说，领导干部最重要的是把思想方法搞正确！后来他还多次讲：“学好马克思主义哲学，把思想方法搞正确，增强工作中的科学性和全面性，才能不断开创各项工

光明日报

GUANGMING RIBAO

华主席给金主席的感谢电

洋溢朝鲜人民对中国人民的深情厚谊

华主席离平壤回国金主席到车站热烈欢送

金主席向华主席赠送礼品

实践是检验真理的唯一标准

1978 年 5 月 11 日《光明日报》以“本报特约评论员”的名义发表文章《实践是检验真理的唯一标准》，由此展开了一场关于真理标准问题的大讨论，为改革开放做了思想上、理论上的准备

作的新局面。”

老子在《道德经》中有一段很有名的话，叫“道生一，一生二，二生三，三生万物”。老子是中国古代伟大的思想家，美国《纽约时报》评选全球从古到今的十大作家，老子名列第一，是名副其实的“老子天下第一”。《道德经》是中国古代思想文化

道家鼻祖老子

的元典，据联合国教科文组织统计，世界名著被翻译成外文发行量第一的是《圣经》，第二是《道德经》。在德国，每四个家庭就拥有一本《道德经》。所以，我们作为中国人，不可以不读《道德经》。今天我就把老子这段话作为引子，讲讲什么是“二”，什么是“三”，“二”怎样生“三”，如何从“二”中求“三”。

## 1. 关于“二”

“二”是指矛盾的两个方面，既相互联系又相互对立（既对立又统一）的两个方面。事物都是包含着矛盾的，因此都可以一分为二。我们的祖先早就认识到了这一点，在西方哲人苏格拉底、柏拉图、亚里士多德出现以前，《易经》就把世界上的万事万物及其发展变化归结为阴、阳两种元素。阴阳可以代表弱与强、退与进、雌与雄、死与生、暗与明、恶与善、丑与美、柔与刚等，并用“--”“—”两个符号来表示阴和阳，用二者不同的排列组合（即六十四卦）表现万事万物的发展变化。后来的哲学家、思想家对此做了大量的论述。老子在《道德经》中列举了大量人们生活中经常遇到的既相反又相成的现象，如有无、难易、高下、大小、美丑、轻重、静躁、刚柔、强弱、胜败、进退、得失、祸福等，并归结说“万物负阴而抱阳”。北宋哲学家张载讲：“有象斯有对，对必反其为。”事物、现象都是成双成对的，成双成

《易经》六十四卦图

对的东西都是相反的，反着来的。南宋著名哲学家、教育家陆象山则进一步具体讲：“有一物必有上下，有左右，有前后，有首尾，有背向，有内外，有表里，故有一必有二，故曰一生二。”当代著名作家王蒙认为：怎么一生二呢？一个是一分裂为二，一个是一产生了自己的对立面，成为二。有了生就有了死，这是一生二。有了语言就有了文字，就有了语言与文字的联系与脱节，这也是一生二。有了人就有了男女，这也是一生二。有了资本主义就有了反资本主义，有了革命就有了反革命，有了快乐就有了忧愁，有了疾病就有了医药。这都是一生二。（王蒙《老子的数学观念》，载《读书》2008 年第 11 期）这样的例子举不胜举，自然界有物质就有暗物质，有能量就有暗能量。科学已经证明，暗物质占宇宙物质总量的 27%，暗能量占 68%，比我们可见的物质（约占 5%）多得多。社会生活中有规则就有潜规则，前几年潜规则就比较盛行，现在我们党强调加强作风建设，就是要铲除潜规则发挥作用的土壤，营造良好的政治生态，营造政治上的绿水青山。

矛盾是客观的，是普遍存在的，所以矛盾分析法或曰“二分法”，是认识事物的基本方法。它要求我们认识事物要看到两面，看到“二”，不能只知其一，不知其二。只看到一面而忽视另一面，就会陷入片面性。片面性的危害非常大，极而言之会危及生命。这不是危言耸听，而是血的教训！我们学校生命科学学院前些年有一位青年教师在横穿铁路时，只看了一个方向没有过往的火车，就穿越铁路，结果被另一个方向来的火车撞死了，非常可惜!

现在多数人都懂得这一点，承认这一点，“一分为二”“两点论”“两分法”已经成为人们的口头语。但说和做不完全是一回事，理论与实践之间往往是有距离的，正如恩格斯早就指出的：“口头上承认这个思想是一回事，实际上把这个思想分别运用于每一个研究领域，又是一回事。”（《马克思恩格斯文集》第四卷，人民出版社 2009 年版，第 299 页）由于主客观条件的影响，我们往往不能将这一思想自觉贯彻到底。下面我举两个例子。

一个是自然界中的例子。我们往往认为一个物体越分越小，但这只是一面，还有另一面，就是越分越大。现代物理学发现，一个粒子被打碎为若干个时，结果分出来的每一个粒子都比原来的大。一般讲两个物体之间的距离越近，相互作用越强；距离越远，相互作用越弱。但夸克之间的距离非常近时，相互作用很弱，每个夸克几乎处在“自由”状态，是所谓“渐近自由”；把它们间的距离拉大时，相互之间的作用就增强，乃至于不能跑出其基本粒子，是所谓“红外奴役”。这好比一对夫妻，整天生活在一块儿，形影不离，感情反而淡漠了。分开一段时间，拉开距离，反而能增进相互之间的感情。美国科学家弗兰克 · 维尔切克、戴维 · 格罗斯和戴维 · 波利策因这项发现获得了 2004 年诺贝尔物理学奖。

另一个是社会生活中的例子。在日常生活中，我们总讲人民群众有无限的创造力，讲多了，习惯了，往往忘掉了人民群众创造力有限的一面。人民群众的创造力既是无限的，又是有限的，是无限和有限的对立统一。就世代无限延续来讲，人民群众的创造力是无限的（像《愚公移山》中老愚公讲的，挖山，老子挖不完还有儿子，儿子挖不完还有孙子，子子孙孙，没有穷尽）；就特定的历史时期来讲，人民群众的创造力是有限的。在“大跃进”的年代，我们不少人只讲前一面（无限），而忘掉了后一面（有限），提出什么“人有多大胆，地有多大产”“不怕办不到，就怕想不到”“十五年赶英超美”“跑步进入共产主义”等主观唯心主义的口号，有人若对此稍有微词，就被斥为对群众泼冷水，就会被扣上右倾的帽子，结果使得以高指标、瞎指挥、浮夸风和“共产风”为主要标志的“左”倾错误思潮泛滥起来，瞎胡折腾起来，给国民经济和社会生活造成了巨大的损害。

因此，我们不仅要在理论上知道矛盾是普遍的，事物都是一分为二的，都有两个方面，更重要的是要把这一观点变成我们的思想方法和工作方法，自觉运用到每一个领域中去。看事情看了正面，还要多看几眼，再从反面去看看；想问题想了一个方面，还要多个心眼，再从另一方面去想想。

### 2. 关于“三”

“三”说起来可能要复杂一些，这里分两层意思来讲。

“三”的一层含义是指与“二”并存的、相互独立的事物的三个部分，可以叫一分为三。这个“三”与“二”不能说没有联系（辩证法所讲的“联系”，含义太广泛了。“联系”作为普遍的哲学范畴，含义是非常广泛的，只要事物或现象之间有作用和影响就都是联系，并不是有直接的关系才叫联系），但联系不是那么紧密。如经济生活中的产业五花八门，可归结为第一产业、第二产业、第三产业，是一分为三。社会现象形形色色，纷繁复杂，但可以概括为三个方面——经济、政治、文化，也是一分为三。医学上，临床试验表明，大多数药品对某种疾病的疗效可以分为三类，三分之一用药有效，三分之一不用也有效（自愈），三分之一用了也无效。老子也喜欢“三分法”，他把人类的现状分成三类，第一类是“生之徒”，第二类是“死之徒”，第三类是“人之生，动之于死地”，各占三分之一。所谓“生之徒”就是指珍爱生命，注意养生的那一部分人。所谓“死之徒”就是指不爱惜生命，吸烟酗酒，经常晚上不睡觉的那一部分人。所谓“人之生，动之于死地”是指这部分人为了活得更好，活得更长，过分养生，过度进补，过度练功，乱吃保健品，寻找长生不老丹，拼命折腾，反而加速了死亡。原河南省委书记郭庚茂讲过，一个部门的工作可以分为三类，一类是由自己独立完成的工作，一类是由本部门牵头、需要别的部门配合的工作，一类是由别的部门牵头，本部门予以配合的工作。首先要切实做好应由自己独立完成的工作，同时该牵头工作的要牵好头，该配合的工作要主动予以配合。

过去我们只讲一分为二，现在有学者针对“文革”时期盛行的“斗争哲学”，讲一分为二时过分强调矛盾斗争的绝对性和对抗性，从而在社会生活中产生了巨大破坏作用的现实，提出了“一分为三”的观点，还有学者提出了“一分为多”的观点。那么，我们应该如何看待这个问题呢？

对事物进行归纳分类，是深入认识事物、进行科学研究的前提。不然，不加分析，一片混沌，你如何去认识？如何去研究？把英文的science翻译成“科学”就是取了分科之学的意思，“科学”一词是从日文转译过来的，早期中国曾把science译为“格致”——格物致知的意思。日本人觉得西方的science跟中国的儒学学问不一样，儒学是综合性的学问，文、史、哲不分，而西方的science是分科性的学问，数、理、化、天、地、生，分成一科一科的，所以，就把它翻译成了“科学”。世界上的事物本来是形形色色、多种多样的，但根据实践的需要，从不同的视角，按照不同的标准，对事物可以有不同的归纳和分类，可以一分为二，也可以一分为三，还可以一分为多。如就人来说，按照性别来分，分为男和女，可以说是一分为二；按年龄来分，可以分为青少年、中年、老年，是一分为三；按照民族来分，我们国家有56个民族，世界上有2000多个民族，是一分为多。还可以按职业、文化程度、宗教信仰等来分。再如，就中国特色社会主义建设来说，一种是二分法，那就是物质文明建设和精神文明建设，这是从认识论的角度讲的。从认识论的角度，可以把世界上各种各样的现象归结为物质现象和精神现象，这是最高程度的抽象。由此我们党提出了“两个文明一起抓，两手都要硬”的方针。一种是三分法，那就是除物质文明和精神文明外，又加上了政治文明，这是从社会形态的角度讲的。任何一种社会形态都可以归结为经济、政治、文化三个方面，相应就有了物质文明、政治文明、精神文明建设“三位一体”的提法。一种是四分法，即经济建设、政治建设、文化建设和社会建设，这是为了贯彻科学发展观，从注重改善民生、建设和谐社会的角度，把社会建设突出出来。还有一种是五分法，为了加强环境保护，构建人与自然和谐相处的社会，在上述四种建设的基础上又增加了生态文明建设，即经济建设、政治建设、文化建设、社会建设、生态文明建设“五位一体”。党的十八大讲中国特色社会主义建设的总体布局就是这“五位一体”。所以在这个问题上，也必须坚持具体问题具体分析的原则，不能把某种分法绝对化，不能以一种分法否定另一种分法。不能认为讲一分为二就不能讲一分为三，也不能认为讲一分为三就不能讲一分为二。并且从逻辑上说，由“事物都是一分为二的”命题，必然推出“事物都不是一分为二的”命题。因为有正就要有反，如果说“事物都是一分为二的”是正题，那么反题就是“事物都不是一分为二的”，二者组成一个矛盾命题。这是我的一个发现，可以叫作“孙氏悖论”。

“三”的另一含义是指事物对立双方的结合、交融或统一，简言之，就是事物的两端之中或两端之和（介于二者之中，成于二者之和）。“三”的这一含义是与“二”密切相关的，是由“二”

产生出来的，即“二生三”。

这又分两层意思：一是指两端之中，即“三”就是“中”；一是指两端之和，即“三”就是“和”。

先讲“三”就是“中”——两端之中，中间的那个“中”。事物都有两端，有两端必有中，中与两端加在一起就构成了三。陆象山在解释了“一生二”之后接着说：“上下左右首尾前后表里则必有中，中与两端则为三矣，故曰二生三。”如一物有上下，那么必然有中间，上下加上中间则为三。《逸周书》中也讲“人有中曰参，无中曰两”。（这里的“参”就是“三”，在古文中“参”与大写的“叁”是相通的）实际上，“一分为二”与“一分为三”也是相通的。2013年我写过一篇《对“一分为二”的一分为二》的文章，发表在《信阳师范学院学报》上，《新华文摘》还予以了摘编，在这篇文章中我把一分为二概括为两种基本分法，一种是绝对分法，即按照一定的标准或一定的界限将某类认识对象分为两部分，从中截然分开，非此即彼。如在意识形态领域里马克思主义和非马克思主义的分法，一种思想观点不是马克思主义的就是非马克思主义的，二者必居其一。化学上有机物和无机物的分法，一种物质不是属于有机物就是属于无机物，也是二者必居其一。另一种是相对分法，即对某类认识对象只取其两端（两极），使之对立，在两端（两极）之间还有大量的中间状态。如马克思主义和反马克思主义的分法，在马克思主义和反马克思主义之间还有不少既不是马克思主义也不是反马克思主义的思想观点。再如穷人和富人的分法，在穷人和富人之间还有大量不穷不富的人。按照这种一分为二的相对分法，如果把分出的两端再加上中间的部分，那就是一分为三的分法了。这样的例子还有很多，如数学上的数分为正数、负数，还有不正不负的“0”；时间上有过去、未来，还有连接过去与未来的现在；选举表决有赞成有反对，还有既不赞成也不反对的弃权。现在开会不少采用电子表决的方式，会场上放置的电子表决器就把“赞成”“反对”“弃权”三个选项都设置了上去。毛泽东最擅长这种分法。人们往往有个印象，根据毛泽东讲的“事物都是一分为二的”，认为毛泽东喜欢“二分法”，擅长“二分法”，实际上，毛泽东更擅长“三分法”。早在民主革命时期，他就说过：“任何有群众的地方，大致都有比较积极的、中间状态的和比较落后的三部分人。”新

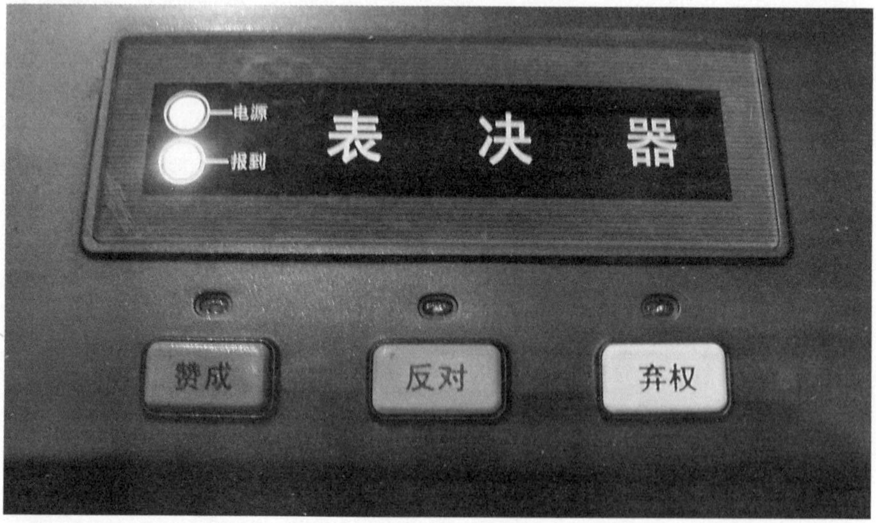

电子表决器，上面设置了“赞成”“反对”“弃权”三个按钮

中国成立后他又说："除了沙漠，凡有人群的地方，都有左、中、右，一万年以后还会是这样。"（《毛泽东选集》第五卷，人民出版社 1977 年版，第 428 页）他还据此提出了"抓两头，带中间"的领导方法和在对敌斗争中"发展进步势力，争取中间势力，孤立反动势力"的策略。他首先把所有人从总体上区分为左、中、右三大类，或进步、中间、落后三部分。然后再细分，左、中、右三大类又有较小的左、中、右，较小的左、中、右中又有更细的左、中、右。如农民中有富农（有余钱剩米的）、中农（保得衣食住的）、贫雇农（一无所有或有也不多的）三个层次，应该依靠贫雇农，团结中农，限制（一定时候是打击）富农。中农又分为上中农（自给有余的）、中中农（大体可以自给的）、下中农（年年叹亏的）三个不同部分。下中农应稳固团结，中中农应努力争取，上中农要注意其摇摆性。再如，他把有产阶级分为大资产阶级（地主买办阶级）、中产阶级（主体是民族资产阶级）和小资产阶级三大部分。又把小资产阶级分为上、中、下三个不同层次，加以区别对待。20 世纪 70 年代初，他还提出过著名的"三个世界"的理论，从国际斗争的角度，将全球所有的国家一分为三，划分为"三个世界"。美、苏两个超级大国为第一世界，日本、加拿大、欧洲各国为第二世界，中国及亚、非、拉各国为第三世界。他号召第三世界国家团结起来，联合第二世界，反对美、苏两个超级大国争霸世界。

再讲"三"就是"和"——两端之和，也是正、反、合（"正、反、合”是黑格尔的哲学理论，认为辩证法是由正题、反题与合题组成的）的“合”。“和”的基本意思就是把不同的东西有机组合在一起。如和面，就是把面粉和水放在一起，混合起来，最后形成的东西既不是粉也不是水，同时里面既有粉又有水。所以，这里讲的“和”就是指事物对立的双方所结合在一起，组合成第三种东西。《淮南子·天文训》在解释老子的“道生一，一生二，二生三，三生万物”时说：“道曰规，始于一，一而不生，故分而为阴阳，阴阳合和而万物生。故曰：‘一生二，二生三，三生万物。’”这里说，老子讲的“一生二，二生三，三生万物”中的“二”就是“阴阳”，“三”就是阴阳的“合和”。上面讲过，“二”是事物对立统一的两个方面，这两个方面相互矛盾、相互斗争、相互交融、相互补充，结果会产生新的东西，就好比一对雌雄动物结合就会孕育后代，这后代就是“三”。

《逸周书·常训》说：“疑意以两，平两以参。”是说一个见解，一种办法，是否正确，是否可行，需要以与它相对立的观点来怀疑，这叫“疑意以两”，有了这样正反两个方面的推敲比较，便可生出更完美的意见和办法，把对立的见解统一起来，这叫“平两以参”。有了一个正题，再找一个反题，然后把二者结合起来，形成一个合题，这个合题就是“三”。大凡明哲之士的明智之举，多能自觉地发现对立乃至树立对立，以使自己由“一”通过“二”进而至“三”，达到更高更完美的境界。

这个“三”很有意思，国人也很推崇这个“三”字。《史记·律书》说：“数始于一，终于十，成于三。”董仲舒把“三”崇化为“天之大经”，有所谓：“三起而成日，三日而成规，三旬而成月，三月而成时，三时而成功。寒暑与和，三而成物；日月与星，三而成光；天地与人，三而成德。由此观之，三而一成，天之大经也……”（《春秋繁露·官制象天》）侯外庐先生在《中国思想通史》中也讲：“汉人在数字上颇重‘三’字，法律言‘约法三章’，官制言‘三公’，乡亭长制言‘三老’，京师强本之地言‘三辅’，统治阶级的意识言‘一贯三谓之王’，春秋的复古言‘三世’‘三统’。”现实生活中有关“三”的语言比比皆是，如“三省吾身”“三缄其口”“三令五申”“三思而后行”等。孙中山讲过“三民主义”，毛泽东讲过“三大作风”“三大法宝”，邓小平讲过“三个有利于”“三个面向”，习近平提出了“三严三实”。就是写文章，我们也常讲要写出个“一、二、三”来，为什么要这样？从哲学的角度讲，就是论述命题要有正、反、合的逻辑结构。写一篇论文，总要经过给出概念或范畴，讲述概念或范畴的历史沿革，正面论述，反面论述，再综合起来论述，指出解决矛盾或问题的方法和途径，得出结论等步骤，一般得三个部分以上。德国的大哲学家康德是这方面的典范，他把自己的著作分成三部分。第一部分是正面的论述，是“正”。第二部分把第一部分的一切都否定了，是“负”。第三部分又把第二部分否定的东西再加一次否定，负负得正，于是又全部肯定了回来。有人用简单的语言来描述康德的哲学：第一部是上帝活着；第二部是上帝死了；第三部是上帝又复活了。德国另一位大哲学家黑格尔的著作也都是按这样的结构写出来的，先分为三部分，每个部分再分为三编，每编再分为三章，每章再分为三节。如他的《逻辑学》分为存在论、本质论、概念论三编，存在论又分为质、量、度三章，本质论又分为本质、现象、现实三章，概念论又分为主观、客观、理念三章。其中每章又分为三节，存在论中质的一章又分为存在、定在、自为存在三节，量的一章又分为纯量、定量、程度三节……我们近些年搞的思想政治教育活动，也是这样“一、二、三”“正、反、合”的逻辑。近些年来，我们党在每一次全国代表大会之后都会在党员干部中搞一次集中性的思想政治教育活动，首先是“讲学习、讲政治、讲正气的‘三讲’教育活动”，然后是“保持共产党员先进性教育活动”“学习和实践科学发展观活动”，十八大之后进行的是“党的群众路线教育实践活动”。这些活动一般都分为“三个阶段”或“三个步骤”，一是正面学习教育，二是反面查找问题，三是将二者结合起来进行整改落实。

### 3. 从“二”中寻求“三”

我们分别讲了“二”和“三”，讲了“二”能生“三”，“三”从“二”中来。既然“二”能生“三”，我们就要善于由“二”

见“三”，善于从“二”中寻求“三”，就是在对立的双方中寻找中间方，寻找第三方；把对立的双方结合起来产生第三种东西。这个“第三方”“第三种东西”，可能最符合事物的真实情况，最容易为对立的双方所接受，可能是最有效地解决问题的方法。刚才讲了“三”就是“中”，咱们河南人在说啥“好不好”“对不对”“行不行”时常讲“中不中”，回答是“中”或“不中”。所以，在河南话中，“中”就是好，就是对，就是行。这说明地处中原的河南人是最了解中华文化的。健康教育专家洪昭光也讲：“只要把握‘中’，事事都成功。”上面我们还讲了“三”就是“和”，和就意味着和谐圆满，和谐了就稳定了，所以“三”还意味着稳定。“三”要比“二”稳定，三足鼎立，一个凳子两条腿放不稳，三条腿就稳了。

由“二”见“三”，从“二”中寻求“三”，是我们中华文化宝库中最有价值、最精华的部分。“三”可以说是中国传统文化的精髓。实际上，“三”也可以说是辩证法的精髓。辩证法之所以比形而上学高出一筹，从根本上说，就在于辩证法能在同一的东西中看到对立的关系，在对立的东西中发现（寻求）同一。如果只看到“二”，只知道树叶有正面有反面，物理学中有阴电有阳电，人有优点有缺点，生活中有成功有失败，还谈不上是辩证思维。庞朴先生曾经说过：“源远流长博大精深的中华文化，其密码也正是一个‘三’字。”“在我看来，儒者的中庸之道，道家的返璞归真，佛学的不二法门，其实都是三分法的不同表述；

只因他们人生态度不一，遂呈尔我之势罢了。”（庞朴《学无常师　文如断壁》，载《读书》2005年第1期，第165页）。儒、释、道是中国传统文化的主干，是中国历史上最有影响的几个思想派别，尽管其观点迥异，但在这一点上交汇了，儒家讲“中庸”，道家讲“中道”，佛家讲“中观”，殊途同归了。为什么不同的思想派别在一些深层次问题上可以有相近的或相同的观点？钱锺书先生曾专门论述过这个问题，他说：“心同理同，正缘物同理同。”“思辨之当然，出于事物之必然，物格知至，斯所以百虑一致，殊途同归耳。”（《钱锺书论学文选》第一卷，花城出版社1990年版，第253页）这好比登山，不同的人从山的不同侧面去登，沿途看到的风景不一样，但到了山顶，大家看到的风景基本是一样的。因为山有不同的侧面，而山顶只有一个。当然不同的思想派别戴着不同颜色的眼镜去看，在大体相同的观点中还会有差异。下面分别对儒、释、道的观点做一些简要的解释。

儒家思想的核心就是“中庸”。什么是“中庸”？简单地说，“中庸”就是“用中”，“庸”与“用”在古汉语中同音同义。《说文解字》中解释：“庸，用也。从用从庚。”而不是平庸、庸才、庸俗所表示的无能、俗气的意思。“用中”就是抓住两端，用其中间，就是把对立的两端结合起来，执两用中，不偏不倚，既不过头，又无不及。过去把“中庸”批判为折中主义是不正确的，折中主义是无原则地把各种观点拼凑在一起，无原则地调和矛盾。遇到争议不分青红皂白，各打五十大板，是折中主义；但依据事实，分清争议双方各自的责任，就不是折中主义；把握好度，不随意折中，就不是折中主义。儒家的创始人孔子在《论语》中明确提出“过犹不及”，他是在同子贡的一段对话中讲的。“子贡问：‘师与商也孰贤？’子曰：‘师也过，商也不及。’曰：‘然则师愈与？’子曰：‘过犹不及。’”师与商都是孔子的学生，子贡问孔子：“师与商谁贤能？”孔子说：“师过头了，商则没有达到。”子贡又说：“那么师是不是好一些呢？”孔子说：“过头与不及同样不好。”

儒家学派创始人孔子

孔子还讲：“攻乎异端，斯害也已。”专注异端，只想着标新立异，那就容易偏激，是非常有害的。

孔子还感叹：“中庸之为德也，其至矣乎，民鲜久矣。”中庸作为道德是层次最高的了，民众缺少这种道德已经很久了。

《中庸》一书对“中庸”做了专门的解释：“喜怒哀乐之未发，谓之中；发而皆中节，谓之和。中也者，天下之大本也；和也者，天下之达道也。”意思就是人的内心没有产生喜怒哀乐等情绪时，称之为中。产生喜怒哀乐等情绪时，始终用中的状态来节制情绪，不让情绪失控，让情绪在一个合理的范围内变化，就是和。中是天下万事万物的根本，而和则是天下最高明的道理。

庞朴先生还把“中庸”归纳为四种形式：

（1）A 而 B。A、B 代表矛盾的两个方面。A 而 B 是把对立的两端（两个方面）直接结合起来，以此之过，济彼不及，以此之长，补彼之短，以追求最佳的“中”的状态。这种形式主要是解决“不及”的问题，任何事物都有其不足之处，因此要用对立面来补充，这样才能达到最理想的状态。如《论语》中讲的“子温而厉”，我们现在讲的“积极而又慎重”，就是这个意思。

（2）A 而不 A′。A、A′不是对立的概念，是指程度上的不同。A′比 A 程度更强。这种形式是解决“过”的问题，强调泄 A 之过，勿使 A 走向极端。如《论语》中讲的“威而不猛”，“威”与“猛”意思相近，但“猛”是“威”之过头的表现，不太好，应该加以节制。还有我们现在讲的“管而不死，活而不乱”“严谨不拘谨，轻松不放松，随和不随便”，也是这个意思。

（3）不 A 不 B。不采取这一端，也不采取那一端，而是综合起来看，既不要“过”，也不要“不及”。如《尚书 · 洪范》中讲的“无偏无党”，我们现在讲的“不卑不亢”。

（4）亦 A 亦 B。这种形式实际上是“A 而 B”的展开，在时间上展开，某时应该 A，某时应该 B；在空间上展开，某处应该 A，某处应该 B。如“文武之道，一张一弛”“对内善文，对外善武”。

道家讲“中道”，特别强调顺其自然，适可而止，不要把事情做得太过，不要走极端。道家鼻祖老子非常重视“和”，他认为“和”是宇宙万物及社会本应具有的一种常态。他说：“万物负阴而抱阳，冲气以为和。”世间万物都有阴、阳二气，也就是都有矛盾着的两个方面，这矛盾着的阴、阳二气相互激荡形成新的和谐体。他还说，赤子“终日号而不嗄，和之至也。知和曰常，知常曰明”。婴儿整日哭号但嗓音却不嘶哑，昭示其元气之冲和。元气冲和乃生命之常态，懂得这个常态可谓之明智。老子有关不要走极端、不要把事情做过头的论述很多，如“甚爱必大费，多藏必厚亡”。意思是过分爱惜必定造成极大的耗费，无论对人对物，就会不顾一切地付出。譬如，喜欢一幅画，它就变成了心目中的珍宝，无论花多少钱都愿意买下来；喜欢一个人，不惜散尽千金，甚至失去大好江山。总之，爱得太过就会造成很大的耗费。储存过多必定招致惨重的损失，财富积敛过多也未必是好事，会加速灭亡。资本家把财富都集中到自己手中，工人没有饭吃，生活不下去了，必然要起来造反。

“知足不辱，知止不殆，可以长久。”知道满足便不会遭受屈辱，适可而止便不会遇到危险，从而可以长久。

“圣人方而不割，廉而不刿，直而不肆，光而不耀。”圣人品行端正而不显得倔强，有棱角而不至于伤害别人的尊严，正直而不至于肆无忌惮，明亮而不刺眼。特别是“光而不耀”一句，说得太好了！光指光芒，可以代表权力、成功、才干、美貌等。没有光当然不是什么好事情，但有光的人要注意别太耀眼，过于

道家学派主要代表人物之一庄子

耀眼刺得别人睁不开眼睛就不好了，就容易引起别人反感，反过来就伤害了自己。所以应“光而不耀”——越有本事越不张扬，越有钱越不露富，官越大越没架子。

“圣人去甚，去奢，去泰。”圣人都要去除极端，去除奢侈，去除过度，我们现在强调加强作风建设，反对“四风”，其中一风就是奢靡之风。

道家的另一位代表人物庄子讲得就更有意思了，他认为无论什么事情，最理想的状态是处于两端之间。这里我摘引他的两段论述。

一是“周将处乎材与不材之间”。原文如下：

庄子行于山中，见大木枝叶盛茂，伐木者止其旁而不取也。问其故，曰：“无所可用。”庄子曰：“此木以不材得终其天年。”

夫子出于山，舍于故人之家。故人喜，命竖子杀雁而烹之。竖子请曰：“其一能鸣，其一不能鸣，请奚杀？”主人曰：“杀不能鸣者。”

明日，弟子问于庄子曰：“昨日山中之木，以不材得终其天年，今主人之雁，以不材死，先生将何处？”庄子笑曰：

“周将处乎材与不材之间。材与不材之间，似之而非也，故未免乎累。若夫乘道德而浮游则不然，无誉无訾，一龙一蛇，与时俱化，而无肯专为；一上一下，以和为量，浮游乎万物之祖，物物而不物于物，则胡可得而累邪！此神农、黄帝之法则也。若夫万物之情，人伦之传，则不然。合则离，成则毁；连则挫，尊则议，有为则亏，贤则谋，不肖则欺，胡可得而必乎哉！悲夫！弟子志之，其唯道德之乡乎！”（《庄子·外篇·山木》）

这语段的大意是，庄子漫步在山林之中，看见一棵大树，枝叶繁茂，伐木工在它旁边休息却不砍伐它。庄子问伐木工为什么不砍伐这棵树，伐木工回答说：“因为它没什么用。”庄子说：“这棵树因为不成材（不中用）而能够过完它的自然寿命。”庄子从山中出来，住在老朋友家。朋友很高兴，命童仆杀大雁做菜。童仆问道：“有一只会叫，有一只不会叫，请问杀哪只？”主人说：“杀不能叫的。”第二天，弟子问庄子：“昨天山里那棵大树，因为不成材而能度完它的自然一生；如今主人的这只雁，因为不成材而送了小命，先生将站在哪一方？”庄子笑着说：“我将站在那成材和不成材的中间。材与不材之间，似材又不似材，所以未免乎累。但是如果乘道德而浮游则不然，没有赞誉没有诋毁，一会儿像龙一样腾飞，一会儿像蛇一样蛰伏，与时俱化，而不愿专于某一方面；一会儿上一会儿下，以和为度量，浮游于万物未命名的状态，给物命名而不是被物所命名，像这样又怎么能为有所得而累呢！这是神农、黄帝所秉持的法则啊。如果用万物的情形（食物链）来形容人伦的关系，则不然。国家统一、家庭和睦就会有人想把它拆散，有人成就事业就会有人想把它毁掉；有人清廉就会有人想使其遭受挫折，有人受到尊敬就会有人想诽谤非议，有人有所作为就会有人想让他吃亏，有人贤能就会有人想暗算他，有人无能就会有人想欺负他，像这样又怎么才能确信一直会有所得呢！惨哪！弟子记住，那只有在没有尔虞我诈、人人相亲相爱、崇尚道德的幸福之乡才能做到！”

一是“若成若不成而后无患者，唯有德者能之”。原文如下：

> 叶公子高将使于齐，问于仲尼曰：“王使诸梁也甚重，齐之待使者，盖将甚敬而不急。匹夫犹未可动也，而况诸侯乎！吾甚慄之。子尝语诸梁也曰：‘凡事若小若大，寡不道以欢成。事若不成，则必有人道之患；事若成，则必有阴阳之患。若成若不成而后无患者，唯有德者能之。’吾食也执粗而不臧，爨无欲清之人。今吾朝受命而夕饮冰，我其内热与！吾未至乎事之情，而既有阴阳之患矣；事若不成，必有人道之患。是两也，为人臣者不足以任之。子其有以语我来！”
>
> （《庄子·内篇·人间世》）

这段的大意是：叶公子高接受重任出使齐国，没出发就已经忧心忡忡，不知如何是好，便去请教孔子。叶公子高对孔子说，楚王给我的任务重大，可齐国对待使者，表面上看似恭敬，实际上却并不这样，一个普通人尚且不容易被说服，更何况是齐君呢？

我很害怕啊。孔子您曾说过，大事小事，都要依道（遵循大道规律）而行才能成功。一件事办不成，你会受到人主之道（人间各种规则）的诟病惩罚。一件事办成了，你会受到阴阳之道（尤其是生理病理之道、生命之道）的厌恶惩罚。能够做到似成似不成，说不上是成还是不成，或者不管它是成还是不成，反正不因为办差而受到惩戒，那就要看你的德行与修养，看你的真功夫了。叶公子又说，平日我都是粗茶淡饭，平平常常，可今天早上才领命，晚上我就想喝冰水，这是心里有火呀，我事情还没办，就好像生病了，事情如果真的办不成，我岂不是会有更大的祸患？唉，为人臣者难免会有不得已之时，孔夫子您就指点指点我吧。

佛学讲的“不二法门”的“不二”指的不是两极端，而是两端的结合，是“非此非彼又即此即彼”。佛学有所谓“有、空、亦有亦空、非有非空”四门，“有”和“空”是两端，“亦有亦空”和“非有非空”合并起来，叫“俱是俱非”或“双照双非”，实质上就是“三”。佛学上讲要入真性实相，不能执着于某一端，走“有”或“空”两端的门，而要取“中”，走中间的门——亦有亦空、非有非空的门，“非此非彼”又“即此即彼”的门。如我们现在所讲的，在人生态度上，既要入世，又要出世；既要出世，又要入世。只入世不出世，太俗了；只出世不入世，不食人间烟火，又太空了。也就是既要仰望星空，又要脚踏实地。

自然科学这方面的例子也很多，这里我只举一个，就是光的本质问题。最先是牛顿提出粒子说，认为光是物质微粒组成的粒子流。接着麦克斯韦又提出了波动说，认为光也是一种电磁波，具有波的特性。二者都有根据，都有道理，但都不充分，都有解释不了的问题。爱因斯坦综合了上述两种观点，提出光的本质是波粒二象性，既有粒子的一面，又有波动的一面，爱因斯坦因此获得了诺贝尔奖。

由“二”见“三”，从“二”中寻求“三”，革命伟人在这方面也为我们树立了典范。伟人们都从传统文化中汲取了精华。毛泽东在《新民主主义论》中认真分析了当时中国半殖民地半封建社会性质的特点，提出了当时中国革命既不是旧的资产阶级民主主义革命，也不是无产阶级的社会主义革命，而是中国式的、特殊的、“新式”的民主主义革命，即新民主主义革命。当时世界上有两种革命，即资产阶级民主主义革命和无产阶级社会主义革命。毛泽东指出中国革命已是世界革命的一部分，资产阶级太弱小，无产阶级也不够强大，只有联合所有革命阶级，革命才能取得成功。所以只能是二者的结合——新民主主义革命。他在《论持久战》中经过对敌我双方的全面分析，提出抗日战争既不是中国武器不如人，军阀混战，一盘散沙，战争必败的必灭论，也不是过低估计日本，认为日本是弹丸小国，战争缺乏后方供给，无须费多大力气中国很快就能战胜的速胜论，而是持久战——经过长久战争最终取得胜利。历史证明了毛泽东这一论断的正确性。

邓小平创造性地把对立的两个方面统一起来，特别是把过去人们认为绝对对立不能统一的两个方面统一了起来。这是邓小平最了不起的地方。如在国家发展道路问题上，“文革”结束以后，中国面临搞不搞社会主义及怎样搞社会主义两个问题，邓小平从中国处于社会主义初级阶段的基本国情出发，提出我们现在要搞的既不是苏联模式的社会主义，也不是资本主义，而是具有中国特色的社会主义。中国特色社会主义的提法内涵十分丰富，可以有效应对来自“左”、右两个方面的质疑和干扰，如果极左派问这样搞到底是姓社还是姓资，我们可以理直气壮地回答，姓社，但有中国特色；如果自由化分子想借中国特色恣意妄为，我们又可以警告他们，我们搞的是社会主义，不允许资产阶级自由化。在经济领域内，我们实行社会主义市场经济制度（传统社会主义是以计划经济来定义的，是与市场经济不相容的），这是一种混合经济，是市场这只“看不见的手”与政府这只“看得见的手”的结合。在所有制问题上，既不搞私有化，也不搞纯而又纯的公有制、“一大二公”，实行的是以公有制为主体、多种所有制经济共同发展的基本经济制度。在国家统一问题上，特别是在台湾问题上，过去我们一直讲的是“一定要解放台湾”，而台湾一些人闹独立，要搞“一中一台”或“两个中国”。邓小平在这个问题上，既反对台湾独立，搞“两个中国”“一中一台”，强调收回港、澳，对港、澳恢复行使主权，又允许港、澳、台实行资本主义制度，提出了“一国两制”的构想（原来的观念是社会主义和资本主义是你死我活、水火不容的，现在可以统一于一国之内），这是一个创举，实践也证明了它的生命力。

1997 年 7 月 1 日中国政府对香港恢复行使主权，图为中英香港政权交接仪式

1999 年 12 月 20 日中国政府对澳门恢复行使主权，图为中葡澳门政权交接仪式

科学发展观也富含这样的思想。科学发展观的根本方法是统筹兼顾，胡锦涛同志指出：“统筹兼顾是我们中国这样一个十几亿人口的发展中大国治国理政的重要历史经验，是我们处理各方面矛盾和问题必须坚持的重大战略方针，也是我们一贯坚持的科学有效的工作方法。”新时期我们要正确处理中央和地方、地方和地方、部门和部门之间的关系，正确处理个人利益和集体利益、局部利益和整体利益、当前利益和长远利益的关系。关于如何正确处理，胡锦涛同志给我们指出了基本方法，即“善于从各方利益结合点上考虑问题，谋划工作”（胡锦涛 2007 年 12 月 5 日《在中央经济工作会议上的讲话》）。要善于找到矛盾双方的结合点，这个“结合点”实际上就是“三”，由此出发，才能恰当地处理矛盾、解决问题。否则，只偏重某一方面就不能有效地解决问题。

习近平总书记关于这方面的论述也很多，他在讲到社会管理时指出：“管得太死，一潭死水不行；管得太松，波涛汹涌也不行。”在讲作风建设时他指出，要制定严格的措施和要求，没有规矩不行，同时，也要实事求是，不要层层加码，要懂得过犹不及的道理，如果脱离了实际，最后是难以长久地坚持的。

党的十八届三中全会通过的《中共中央关于全面深化改革若干重大问题的决定》在讲到收入分配问题时，也强调既不能搞平均主义，也不能差距过大。目前的问题是收入差距过大。据国家统计局公布的数据，2014 年全国居民收入基尼系数为 0.469，比

2013 年的 0.473 有所回落，但仍高于国际公认的 0.4 的警戒线。所以，目前主要是要调节过高收入，增加低收入者收入，扩大中等收入者比重，逐步形成橄榄型分配格局。这样才有利于社会的稳定，保证国家的长治久安。

## 4. 新的时代应多讲“三”

从以上的分析中可以看出：

讲“二”的时候，着重于“分”，着眼于两端；讲“三”的时候，着重于“合”，强调互补，肯定中间状态。

对于“二”和“三”，不同的历史时期会有不同的侧重。在革命时期，强调分清阵线，划清敌我，把中间力量争取过来，所以多讲“二”。在建设时期（和平时期），强调和谐，强调稳定，需要统筹兼顾，所以就要多讲“三”。

当今时代，无论是国际还是国内，无论是经济、政治还是文化，都发生了巨大的变化。我们的思维方式也要随着时代的变化而变化。恩格斯曾经指出：每一个时代的理论思维，都是一种历史的产物，它在不同的时代具有完全不同的形式，同时具有完全不同的内容。习近平总书记也强调要跟上时代前进步伐，就不能身体已进入 21 世纪，而脑袋还停留在过去，停留在殖民扩张的旧时代里，停留在冷战思维、零和博弈老框框内。

在以自然经济为基础的传统社会中，人们的经济生活、政治生活、文化生活都处于两极对立的状态之中，矛盾双方的博弈常常是零和游戏，一方赢意味着另一方输，一方的收益意味着另一方的损失。因此，人们总是以两极对立的思维方式去思考一切问题。

在以市场经济为基础的当代社会，人们之间的联系空前加强，人们的经济生活、政治生活、文化生活都进入了多元化、多极化的状态。

经济全球化，经济模式发生了从对立到合作的变革。全球商品出口总额已经达到 20 万亿美元的规模。生产一架波音 747 客机需要一万多个零件，这些零件分别来自中国、新加坡、韩国等多个国家的生产商。2008 年美国雷曼兄弟公司的倒闭掀起了席卷全球的金融海啸。美国华尔街打个喷嚏，全球金融系统都要感冒。

政治多极化，政治模式形成了从对抗到对话的变化。协商对话成为解决国际争端的有效方式。

文化多元化，文化模式发生了从对峙到融合的变化。不同文化的交流越来越广泛，通过相互学习和借鉴，迸发出新的火花。

还有社会信息化，互联网以惊人的速度快速发展普及，2015 年中国的网民已达 7 亿，全球网民数量也已接近人口总数的一半。互联网的精髓就在于“互”和“联”——互联互通、相互参合，而不是单向的传输，单向的接收，更不是一方吃掉另一方。人际互动推动了历史的发展，而互联网大大增强了人际互动。并且互联网的发展需要互相包容、互相信任，随着互联网的快速发展，人与人之间、文化与文化之间、国家与国家之间的包容心与信任感有望不断增强。互联网还提供了免费的信息、免费的软件、免费的能源、免费的教育（如慕课）、免费的无线网络……免费就意味着可以共享。互联网的发展普及反过来又为共享提供了便利，如共享经济的鼻祖罗宾 · 蔡斯女士所说“让分享变得更容易”，可以更精细、更精准地配置资源。再如私家车有 95% 的时间是闲置的，近年我国新兴的“滴滴出行”等网络平台就为私家车闲置资源的利用开辟了新的途径。

所有这些都为人们走合作共赢的道路提供了可能，矛盾双方的博弈不再都是零和游戏。习近平总书记 2015 年 9 月在访问美国期间讲道：“人们应摒弃你输我赢、零和博弈旧观念，树立和平发展、合作共赢新理念。中国发展好了，对世界有利，对美国也有利；美国发展好了，对世界和中国也有利。”所以，我们的思维方式应从两极对立的模式中解脱出来，或者叫超越两极对立的思维模式，更多地去讲结合、讲合作、讲融合、讲共赢、讲共享，即更多地去讲“三”，更多地去从“二”中寻求“三”。

# 三、由“四”进到“五”

上次我在“贤林讲坛”讲了“二”和“三”，讲了在对立的双方中发现中间方，把对立的双方结合起来产生第三种东西，主要是思维方式的转变问题。今天接着讲“四”和“五”，讲如何由“四”进到“五”，主要是讲如何超越“马太效应”的问题。

## 1. 四舍五入——马太效应

上过学的人都知道，数学上有个法则叫“四舍五入”。“四舍五入”是数学上一种精确度的计数保留法，“四”及其以下被舍去了，“五”及其以上进到了上一位，如 π=3.1415926……，如果保留小数点后两位，那么小数点后第三位及其以后的数就被舍去了。再如 378965 元，如果以万元为单位，则被称为约 38 万元，千位上的 8 就进到了上一位。数学语言是表达科学规律的最好的语言。社会生活中的很多事情也是这样，有时虽然只相差那么一点点，结果却大不相同，有的进到了更高的一位，达到了更高的层次，有的则被舍弃了，被忽略不计了。如高考招生，假设某年划定的录取分数线是520分，张三考了520分被录取了，上了大学。张三的同学李四考了519分，被淘汰了。以后两个人的差距可能会进一步拉大。仅仅一分之差，可能导致两个人此后人生的迥然不同。

社会学的“马太效应”，跟这个意思差不多。它所讲的是多者让其愈多、少者让其愈少、贫者让其愈贫、富者让其愈富的两极分化的一种社会现象。为什么把这种现象叫作“马太效应”呢？这来自《圣经·马太福音》中的一个故事：一个富人要出门远行，临行前他把仆人们叫来，把家产交给他们管理，依照各人的才干分给他们数量不等的银子。给了第一个仆人五千，给了第二个仆人两千，给了第三个仆人一千。主人走后，第一个仆人用五千银子做生意，又赚了五千。第二个仆人也用两千银子做生意，又赚了两千。第三个仆人把一千银子埋在了地下，保存了起来。过了一段时间，主人回来了，与仆人们算账。第一个仆人汇报自己赚了五千，主人听了很高兴，说：“很好，你是个又善良又忠心的仆人，我要把许多事情交给你管理，你可以享受做主人的快乐！”第二个仆人汇报赚了两千，主人听了也很高兴，说：“好，你也是个又善良又忠心的仆人，我要把一些事情交给你管理，你也可以享受做主人的快乐！”第三个仆人汇报说，我把你给的银子全都埋到了地下，一点儿都没有少。主人听了十分恼火，骂了他一通，说他是又懒又缺德的小人，并夺下他的一千银子交给了那个赚了五千银子的仆人。《圣经 · 马太福音》在这个故事后有这样一句话：凡有的，还要加给他，叫他有余；没有的，连他所有的，也要夺过来。20 世纪 60 年代，美国著名社会学家罗伯特 · 莫顿用这句话概括一种社会心理现象——相对于那些不知名的研究者，声名显赫的科学家通常得到更多的声望，即使他们的成就是相似的，在一个项目上，声誉通常给予那些已经出名的研究者，并把这种现象叫作“马太效应”。接着，他又做了进一步的拓展，把“马太效应”归纳为“任何个体、群体或地区，在某一方面（如金钱、名誉、地位等）获得成功和进步，就会产生一种积累优势，就会有更多的机会取得更大的成功和进步”。此后，“马太效应”迅速流传开来，被运用到经济、教育、科研等社会生活的各个方面。实际上，我们中华民族的文化元典中也有类似的表述，老子在《道德经》中讲：“天之道，损有余而补不足。人之道则不然，损不足以奉有余。”“天之道”就是自然之道，“人之道”就是社会之道，“损不足”“奉有余”也是讲对多者让其愈多，对少者让其愈少。

多者越多，少者越少，强者越强，弱者越弱，两极分化，这种现象是普遍存在的，可以说是无处不在、无时不有的。一个学校，教学质量高，社会声誉好，就会招到好学生，生源好又会促进教学质量的提高，越办越好，形成良性循环。教学质量差一点儿的学校，优秀的学生不愿去，反过来又影响到教学质量的提高，越来越不行，形成恶性循环。实际上，对一个学校来讲还不仅如此，还不仅仅是生源的问题，其他方面也是这样。好的学校，领导往往更为重视，优秀教师愿意去，经费等其他资源投得也更多。差的学校，领导往往不那么重视，好的教师不愿去，或已有的难留住，得到的其他资源也少。再如办刊物，有了名气的刊物，能够得到名家的青睐，能够得到高质量的稿件，从而越办越好，越办影响越大。没有名气的刊物，得不到人们的重视，名家的稿子、高质量的稿子很少往它那里投，从而越办越差，越办越没影响力。开饭店也是这样，人多的饭店客人越来越多（人们在外吃饭，在对饭店不了解的情况下，往往是看哪个饭店的人多往哪个饭店里去），生意越做越好；而人少的饭店客人越来越少，最终门可罗雀，只好关门大吉。钱越多越容易挣钱，钱越少挣钱越难。一个朋友多的人会通过频繁的交往得到更多的朋友，而缺少朋友的人则会一直孤独下去。一个人如果获得了成功，什么好事都会找上门。学知识也一样，越是有知识的人越是注意学习，知识积累得就越多，越是知识少的人则越不太注意学习。软实力公司总裁刘兴奇在《异类》一书中讲：越是感受到学习的力量的人，越重视学习；越是感受到学习甜头的人，也越来越重视学习。他还举例说，30 岁至 40 岁这个年龄段乘坐飞机的旅客，坐头等舱的往往是在看书，坐公务舱的大多在看杂志或用笔记本电脑办公，坐经济舱的则是看报纸、看电影、玩游戏和聊天的居多。在机场，贵宾室里的人多在阅读，普通候机区的人全都在玩手机。（刘兴奇《异类》，华夏出版社 2013 年版，第 266 ~ 267 页）

社会生活中，往往是锦上添花的多，雪中送炭的少。大家熟悉的《儒林外史》中讲的范进中举的故事，就是一个非常典型的例子。范进去参加乡试没有路费，向他老丈人胡屠户借。胡屠户不但一文不给，还一口唾沫吐到他脸上，把他骂了个狗血喷头，说："你自己只觉得中了一个相公，就'癞蛤蟆想吃天鹅肉'来！……这些中老爷的都是天上的文曲星，你不看见城里张府上那些老爷，都有万贯家私，一个个方面大耳？像你这尖嘴猴腮，也该撒泡尿自己照照！不三不四，就想天鹅屁吃！"乡试归来，到放榜那天，范进家中连一点儿吃的东西都没有了，断顿了，他母亲饿得两眼都快看不见了。范进只好按照他母亲的吩咐，把家中一只生蛋的母鸡拿到集市上去卖，卖了好换取一点儿吃的东西。在这样极度拮据的情况下没有任何人资助他、接济他。范进抱着鸡，手中插个草标，凄凄惨惨地一步一踱，东张西望等着人来买鸡，就在这时有人报信说他中了举人，境况立刻大变。众邻居有拿鸡蛋的，有拿白酒的，也有背了米来的。胡屠户也提着七八斤肉、带着四五千钱来贺喜，不再骂范进是"尖嘴猴腮"，是"癞蛤蟆想吃天鹅肉"，而是改口说："我的这个贤婿才学又高，品貌又好，就是城里头那张府、周府这些老爷，也没有我女婿这样一个体面的相貌。你们不知道，得罪你们说，我小老这一双眼睛，却是认得人的！想着先年，我小女在家里长到三十多岁，多少有钱的富户要和我结亲，我自己觉得女儿像有些福气的，毕竟要嫁与个老爷，今日果然不错。"正说着，城里头做过知县的张府老爷也前来套近乎，又是送银子又是送房子。正可谓，想当初一贫如洗，无柴无米，谁肯雪中送炭？看今日独占鳌头，有酒有肉，都来锦上添花。

### 2. 由“四”进“五”——积累优势

我们应从上面所讲的“四舍五入”中得到启发，如果已经处于“四”的位置、“四”的阶段，就要努力争取达到“五”，使其进到更高一位或更高一个层次，而不至于被舍弃。

大家了解了马太效应可能会想，依照马太效应，富者越富，贫者越贫，强者越强，弱者越弱，那么，贫者和弱者岂不是永无翻身之日了吗？事实并非如此。世界上没有永远的强者，也没有永远的弱者。富者不可能一直富下去，贫者也不可能一直贫下去。上面讲的马太效应主要是讲事物发展的外在因素，事物发展还有其内在因素，事物的发展是内在因素和外在因素相互作用的结果。俗话讲“富不过三代”。富贵了，但你不懂得节制，肆意挥霍，入不敷出，那就要逐渐败落，这样的例子是举不胜举的。有了成绩，但你满足了，骄傲了，躺在功劳簿上不再进取了，那就要落伍，这种现象也是司空见惯的。俗话还讲“穷则思变”，贫者、弱者往往不满足于现状，立志改变现状，发愤图强，如果再能够运用恰当的策略方法，就可以逐步向反面转化。所以，马太效应也是可以超越的，超越马太效应的法宝就是积累优势。

### （1）积累优势首先要找到优势

要积累优势，首先要有优势，要明确优势所在。优势是相对的，是比较出来的。要通过认真、仔细地将自己本身的特点及自己具有的资源加以排列，通过与别人的比较，通过征求师长、同事、朋友的意见等方式，找到自己的优势，发现自己的优势。一个人总体上处于弱势、劣势，但总会在一些方面具有优势。仅就个人自身的特点来讲，每个人生下来都有自己的独特禀赋。个子高有个子高的优势，参加体育比赛可以去打篮球、打排球；个子矮也有个子矮的优势，参加体育比赛可以去举重、打乒乓球。眼睛不好的人，耳朵可能会特别灵敏；耳朵不好的人，眼睛可能特别管用，所以有“瞽者善听，聋者善观”的说法。你抽象思维欠佳，但你形象思维可能比较突出。你不善于形象思维，但你抽象思维可能比较发达。用我们中国的话讲，这叫“天无绝人之路”。用西方的

光明日報
2013年4月13日 星期六 农历癸巳年三月初四 今日12版
光明网网址：http://www.gmw.cn 国内统一刊号CN 11-0026 第23083号(代号1-16)

亲吻文学

——“鼻尖创作”女孩黄扬的故事

追梦人

2013 年 4 月 13 日《光明日报》发表通讯《亲吻文学——“鼻尖创作”女孩黄扬的故事》

话讲，这叫“上帝关上所有的门，还会给你留下一扇打开的窗”。2013 年 4 月 13 日《光明日报》头版头条发表了长篇通讯《亲吻文学——“鼻尖创作”女孩黄扬的故事》，讲述湖南女孩黄扬出生时因缺氧造成徐动型脑瘫，无法站立，双手不受控制，口齿不清。在这样严重残疾的情况下，她以非凡的毅力用鼻尖“触摸”手机键盘，进行文学创作，写出了 7 万字的自传《温暖人生》，32 万字的长篇小说《阴谋》和 12 万字的武侠小说《千年屠刀》。这说明她虽然四肢和嘴巴都不行，但鼻尖还是灵巧的，脑子还是可以的，再加上她的毅力，也终于有了一番成就。

荷兰后印象派画家凡·高多方面都很平庸，而且患有严重的精神疾病，一次，他与友人激烈争吵后，情绪失控，割下自己的一只耳朵，并最终自杀，但他在绘画方面却是个天才，他的作品

凡·高割下耳朵后的自画像，是凡·高最具代表性的作品之一

英国著名侦探小说作家阿瑟·柯南·道尔

深深影响了 20 世纪的艺术，他的优势是绘画。英国小说家阿瑟·柯南·道尔毕业于医科大学，虽然行医十来年，但作为医生并不出名，后来却因写侦探小说名满天下，他写的《福尔摩斯探案集》风靡全世界，几乎家喻户晓，他的优势是写作。要找准自身的优点、优势，将这些优点、优势不断积累，不断扩大，量变到一定程度就可以引起质变。

**（2）积累优势还要善于创造优势**

优势不仅要善于去发现，还要善于去创造。没有优势可以去创造优势。创造优势可以从集中局部优势、善于创新、善于发现机遇抢占先机等几个方面入手。

集中局部优势。在整体上是劣势，但可以把有限的力量集中在某一点上、某一部分上、某一件事情上，在局部形成优势，“重点突破”，“集中优势兵力打歼灭战”。局部优势积累多了，就可以转化为整体优势。就像通过凸透镜把太阳光聚焦一样，太阳

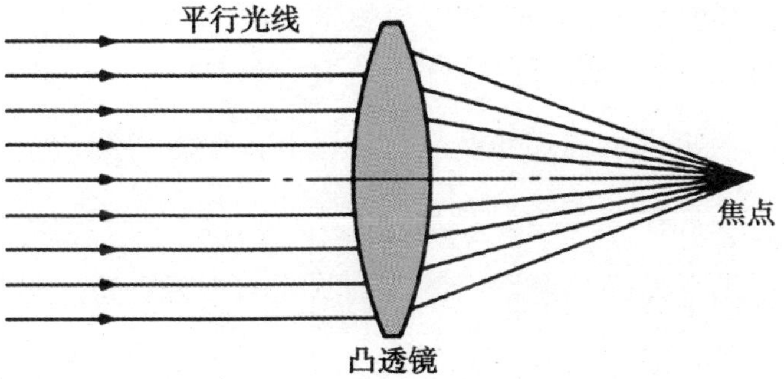


凸透镜将平行光线聚焦

光照射到地球上，温度并不能引起燃烧，但用凸透镜将平行的太阳光通过折射集中于某一点，就可以大大提升温度从而引起物质的燃烧。王蒙先生说过，天才即集中时间、集中精力，具有正常智商的人，如能集中自己的时间和精力，全力做好一两件事，而且是长期坚持不懈，一般都能做出不俗的成绩，都能表现出相当的才具来。

这里举两个例子。先举一个古代的例子——田忌赛马。战国时期，赛马很盛行。齐国大将军田忌与齐威王一起赛马，他们商量好，把各自的马分成上、中、下三等，在三个等级的马中各挑选出一匹马来，用“三局两胜”的办法决出胜负。由于齐威王每个等级的马都比田忌的马强，所以比赛了几次，田忌都败了。这时，田忌的好友、大军事家孙膑给田忌出了个点子，让田忌用自己的下等马去和齐威王的上等马比，这一局必输无疑，然后用自己的上等马去对阵齐威王的中等马，用自己的中等马去对阵齐威王的下等马，这两局都胜了，最终以三局两胜赢得了比赛。这就是在总体上处于劣势，但想办法在局部上形成优势，通过局部优势的积累，从而在总体上转败为胜。

再讲个现代的例子，中国共产党取得解放战争胜利的例子。1945 年抗日战争胜利后，中国共产党的实力虽然有了长足发展，但是与国民党相比仍然处于明显的劣势。特别是在军事上，国民党当时共有兵力 430 万人，而共产党方面只有 127 万人，双方总兵力之比约为 3.4∶1。在武器装备方面，双方差距则更为悬殊，一个是飞机加大炮，一个是小米加步枪。面对这样的局势，共产党采取了集中优势兵力打歼灭战的军事原则。毛泽东讲：“每战集中绝对优势兵力（两倍、三倍、四倍，有时甚至是五倍或六倍于敌之兵力），四面包围敌人，力求全歼，不使漏网。”“这样，在全体上，我们是劣势（就数量来说），但在每一个局部上，在每一个具体战役上，我们是绝对的优势，这就保证了战役的胜利。随着时间的推移，我们就将在全体上转变为优势，直至歼灭一切敌人。”整个战争的进展正是这样，一个战役一个战役打下来，国民党的军队越来越少，共产党的军队则越来越多，越来越强，从局部优势转化为整体上的优势，直至取得全面胜利。

善于创新。已经落后了再跟在别人后面亦步亦趋是很难超越别人的，距离只会越拉越大，最终难免会被淘汰。所以要勇于创新，出新招，走新路。“一招鲜，吃遍天。”“唯一”是竞争的法宝，有绝招才能出奇制胜。当今社会变化剧烈，适应变化的唯一方法也是创新。现在国家正在大力提倡“双创”——大众创业，万众创新。创新不容易，但也并不神秘，创新并不是科学家才能做的事情，在这个问题上我们也需要解放思想。如活字印刷术，是我们引以为傲的中华民族的四大发明之一，但它并不复杂，并不深奥。当时已经有了整版的雕刻印刷。大家知道，有了文字，才有了人类的文明史。文字最初是刻在动物的骨头上，特别是龟甲上，所以最早的文字叫“甲骨文”。后来写在树皮上、竹片上，用绳子穿起来，很笨重，所以有“学富五车”“韦编三绝”的说法。

活字印刷术的发明者毕昇

再后来发明了纸，把文字抄写在纸上。但手工抄写每次只能抄写一份，效率太低，所以就有了雕版，把要写的文字刻成木版，一次可以印很多份。雕刻印刷比人工抄写便捷多了，但还存在一些明显的不足，雕版费工、费时、费料，大批书版存放不便，有错字不容易更正。北宋时期的毕昇就想了，何不把雕版分成一个一个独立的字，然后再把它们拼起来呢？于是他经过试验，制成了胶泥活字，把这些活字再拼起来进行排版印刷，从而促成了印刷史上一场重大的革命，对人类文明的进步产生了巨大的促进作用。

再举两个小的例子，是有关商品名称的。一个是关于萝卜的。河南省固始县有一个地方产的萝卜很好吃，又脆又甜，青头的部分比较长。但长期和别的萝卜一样卖。21 世纪初，有人突发奇想，给它起了一个专门的名字，叫“愣头青”，并注册了商标。然后再加以包装，用袋子装，用箱子装，不再散着卖，其身价就大不一样了，比其他的萝卜贵一倍还不止。再一个是关于鱼的。河南省信阳市西边有一座 20 世纪 50 年代修建的大型水库，叫南湾水库，现在改叫南湾湖了。信阳地处我国南北过渡带上，气候适宜，

信阳南湾鱼专卖店

雨量充沛，植被繁茂，再加上工业不甚发达，污染少，生态环境非常好，因此南湾湖的水质也非常好，湖中产的鱼是绿色食品，味道鲜美。但也一直和别的鱼一样卖。十来年前，南湾水库管理局的负责人灵机一动，把南湾湖产的鱼以“南湾鱼”的名称注册了一个商标，并在信阳、郑州等地设立专卖店，当然价格也就提上去了，比别的鱼至少贵一倍，还供不应求，十分畅销。所以说，创新有时候就是个脑筋急转弯的问题，要注意摆脱传统理念和思维定式的束缚，善于举一反三、触类旁通。

这里我再举一个例子。一位老师给每个学生发一张一样大小的纸，让学生在上面画一个人，最后比谁画的人个子最高。多数学生都在纸上把人画得上顶着天头，下靠着地脚，把纸画得满满的。但有一个学生先是在纸上画了一座山，然后再画一个人，这个人一只脚踏在地上，一只脚踏在山顶上。那结果就不用再说了，当然是这个学生画的人个子最高了，比山还高嘛！因此我们一定要开动脑筋，发挥想象力，努力挖掘自己的潜能，激发创造力。敢想敢干，首先是敢想，多一些奇思，多一些联想，善于标新立异。历史上人们的一些奇思妙想，如“千里眼”“顺风耳”，还有上天入地、日行千里等，在当时人们都认为是不可能实现的东西，现在不全都变为现实了吗？

由此可见，创新涉及方方面面，有各种各样的创新。有理论上的创新，有技术上的创新，有体制机制上的创新。小到一个商品名称的改变，大到一个组织、一种制度的建立都是创新。但创新最重要的是方法的创新。办事情都有三个基本的要素——对象、目的、方法，也就是平常说的“是什么”“为什么”“怎么办”。对象一般是既定的，根据目的去确定方法，这是人类特有的自觉能动性，否则就是盲目性了。方法就是“道”，就是“术”，就是“策”，无论做什么事情都得有“道”，有“术”，有“策”，都必须得法，不得法就难有所成。毛泽东一生无论干什么，都非常讲究方法。他曾说过方法是过河的桥和船，任务是过河，不解决桥和船的问题，任务也只能是瞎说一通。他还有多篇著作是专门论述方法问题的，如《关心群众生活，注意工作方法》《关于领导方法的若干问题》《党委会的工作方法》等。创新很多依赖于方法上的改进、方法上的突破。沿用旧的方法，只能获得旧的结果。只有有了新方法，才会有新创见。如中国第一个自然科学领域诺贝尔奖获得者屠呦呦发现青蒿素就是研究方法上的改进、方法上的创新。20世纪60、70年代为了对抗疟疾的肆虐，研究青蒿素的人很多，大多用水浸、酒精泡的方法去提取，都没有成功。屠呦呦改用乙醚浸泡的方法，成功提取出了青蒿素。这种药品可以有效降低疟疾患者的死亡率，挽救了数百万人的生命，为促进人类健康作出了卓越贡献。

屠呦呦在瑞典斯德哥尔摩音乐厅领取诺贝尔奖

善于发现机遇抢占先机。混沌理论说：“敏感依赖于初始条件。”蝴蝶效应讲的是：一只南美洲亚马孙河流域热带雨林中的蝴蝶偶尔扇动几下翅膀，可能在两周以后引起美国德克萨斯州的一场龙卷风。西方一首民谣更形象地说明了这一点：丢失了一个钉子，坏了一只蹄铁；坏了一只蹄铁，折了一匹战马；折了一匹战马，伤了一位骑士；伤了一位骑士，输了一场战斗；输了一场战斗，亡了一个帝国。这就是说，一开始一个微小的变化，可能产生连锁反应，经过不断放大，最后形成巨大的变化。另外，一个小小的领先往往会导致后来巨大的差距，也就是我们常说的“一步领先，步步领先”。若反过来，就是“一步落后，步步落后”。就像晚点的火车要不断地给快车和正点的火车让路一样，一步不赶点，步步不赶点。

领先一步，抢占先机，说起来容易，做起来不容易。机遇人人有，就看你能不能发现，能不能抓住。那么，怎样才能发现机遇抢占先机呢？

一是要有知识和才干的积累。常言道“机遇偏爱有准备的头脑”，只有人等机会，没有机会等人。当你具备了一定的知识和能力等主观条件，也可能没有发挥的机会。但你没有一定的知识储备，没有科学思维方法的训练，机会来了也发现不了，利用不了，它会默默从你身边溜走。我自己就有这方面的切身体会，“文化大革命”期间，大学停办了。1973 年我高中毕业以后，回农村种了一年地，然后到所在大队的学校当民办教师。虽然当时不高考了，但我还是尽可能地找点儿书看，收集了一些资料，粘贴了一些剪报。到了 1977 年恢复高考时，学的这点儿东西就派上了用场。我记得很清楚，“文革”时期的学校，上课不正规，我在学校没学过历史课。后来我自己找了一些历史方面的书籍来看，并参照找来的历史书籍，制作了一张中国历史朝代表，贴在床头上，看得多了，记得就比较清楚。1977 年高考史地试卷上就有一道中国历史朝代的填空题，正好对上了。1976 年毛主席逝世后，我剪辑了一些纪念毛主席的文章，其中有一篇散文，题目是“毛主席啊，我们永远怀念您”，写得很有文采，其中不少句子我都能够背下来。1977 年高考语文试卷的作文题是“我的心飞向了毛主席纪念堂”，这篇散文就成了我当时作文的重要参考。如果不是这些知识的积累，当时我是难以考上大学的。

二是需要有慧眼，有敏锐的观察力，经常留心周围的事情，善于见微知著。日常生活中，每时每刻都在发生各种各样的事情，有些事会使人大吃一惊，有些事则平淡无奇。使人大吃一惊的事格外能引起人关注，而平淡无奇的事常常不被人注意，但这些平淡无奇的事情也可能包含着有价值的信息。一个有敏锐观察力的人，常常能够看到一般人看不到的东西，能够看到不奇之奇。19 世纪英国物理学家瑞利从日常生活中观察到，端茶时茶杯会在碟子里滑动和倾斜，有时茶杯里的茶水也洒一些，但当茶水洒出一点点弄湿了茶碟，茶杯就会变得不易在茶碟上滑动了。这种现象再平常不过了。但这些引起了瑞利的注意，他做了许多类似的试验，结果得到了一种求算摩擦的方法——倾斜法。德国企业家汉斯 · 瓦尔看出了一般人看不到的公共厕所里蕴藏的商机，一般人只看到公共厕所收费不多，购置设备、清洁维护则需要巨额开支，而汉斯 · 瓦尔不仅看到了这些，还看到了公共厕所数量多、基数大，又多在人员集中的繁华地段，非常适合做广告，于是他承包了柏林、法兰克福等城市的公共厕所，实行多元化经营，厕所外墙招商做广告，每年纯利润就达 3000 万欧元。阿里巴巴的创始人马云在互联网刚刚兴起的时候，看到了其中的商业机会，并紧紧抓住了这个机会，干出了一番轰轰烈烈的事业。

英国生物学家、进化论的创始人查尔斯·罗伯特·达尔文（1809—1882）

三是善于利用机遇，千方百计地去抓住机遇。机不可失，时不再来。一旦遇到机遇，就要紧紧抓住，不可轻易错过。进化论的创始人达尔文就是一个善于抓住机遇的人。1831年，英国海军勘探船“贝格尔”号将进行环球旅行，需要一位自然科学家。达尔文看出这是一次进行生物考察的极好机会，当即表示愿意参加，但却遭到了他父亲的强烈反对。达尔文的父亲是一位著名的医生，他希望儿子能继承自己的事业，也当一名医生。达尔文不因父亲的强烈反对而轻易放弃这次机会，而是经过不懈的努力，争取到了他舅舅的大力支持，最终达到了目的。达尔文随“贝格尔”号进行了历时五年的环球旅行，对动植物和地质结构进行了大量的观察，并采集了大量的标本，为创立进化论奠定了坚实的基础。不难想象，如果失去这次机会，《物种起源》这部划时代的著作也许永远不会问世，达尔文也可能就不被我们所知道了。

### （3）积累优势还必须注重积聚

一口吃不成胖子，一锹挖不出水井。有了优势，优势的积累还有一个由小到大、由少到多的过程，在这个过程中要注重积聚，善于积聚。积累优势包括才干、经验、资本等的积累。就专业知识及经验的积累来讲，在《异类》这本书里提到过一个1万小时定律，就是说你在某一个领域里面有1万小时的积累，才有可能成为这个领域的专家。这就要求我们要从以下几方面做起：

一是不拒细微，从点滴做起。“合抱之木，生于毫末；九层之台，起于累土；千里之行，始于足下。”（《道德经》）“图难于其易，为大于其细。天下难事，必作于易；天下大事，必作于细。”（《道德经》）“不积跬步，无以至千里。不积小流，无以成江海。”（《荀子·劝学篇》）“尽小者大，慎微者著。”（《资治通鉴》）习近平总书记也一再强调工作要落细落小，注重细节。从一点一滴做起，积少成多，聚沙成塔。千万不能大事做不来，小事做不好；大钱挣不来，小钱不愿挣。那样将一事无成。

二是比别人付出更多的努力。落后了要迎头赶上，直至超越别人。这就需要比别人付出更多的努力，流更多的汗水，花费更多的心血。别人付出九分，你要付出十分；别人付出十分，你要付出十二分。约翰·坦普尔顿是世界著名的投资专家，美国《纽约时报》评出的全球十大顶尖基金经理之一。坦普尔顿早年刚进耶鲁大学的时候，学习成绩并不是很好，怎样才能提高自己的成绩呢？他留意到大多数学生做作业都是按照95%的正确率来要求自己，于是他给自己定了一个目标，要保证自己的作业达到99%的正确率，而不是一般的95%。为此，每天他都要比别的同学多花一些时间和精力。很快，他的学习成绩有了明显的提高。在大学三年级的时候，他就进入了美国大学生联谊会，被选为耶鲁分会的主席，并获得了罗兹奖学金。

后来，坦普尔顿进入金融投资领域，他通过大量观察研究，总结出了一条著名的定律——多一盎司定律：取得突出成就的人与取得中等成就的人几乎做了同样多的工作，他们所做的努力差别其实很小，只是“多一盎司”而已。但其结果，却有很大的差别。大家知道一盎司是多少吗？一盎司是28.35克，才半两多一点儿。微小差别的不断积累和放大，可以形成巨大的差别。1的365次方等于1，1.01的365次方约等于37.8，0.99的365次方约等于0.03。其中365次方代表一年的365天，1代表每天的努力，1.01代表每天多做0.01，0.99代表每天少做0.01。这说明如果你每天进步一点点，那么365天后就会增长到约37.8，远远大于1。如果你原地踏步，一年以后还是那个1，一成不变。相反，如果你每天退步一点点，那么一年以后就会减少至约0.03，远小于1，快接近于0了，终将一事无成。经济学家西蒙曾计算过，在生物进化中，1.05∶1.00的适应优势，经过四百多代，就可以造成子孙数250000∶1的优势。就是1.01∶1.00的适应优势，经过四百多代，也可以造成13∶1的子孙数量优势。世界著名的盖洛普咨询公司也曾对1000多位多才多艺的社会名流的成功经历进行调查，得出了一个简单却又令人吃惊的结论：他们的辉煌成就不过是每天比别人多用一个小时的时间来做有意义的事。所以，学会比别人多努力一把，就会取得意想不到的收获。

三是善于坚持。积累优势，由量变达到质变常常是一个艰苦的过程。需要有耐性，有毅力，需要持续不断的努力，遇到困难不退缩，遇到挫折不趴下。坚持就是胜利，无论干什么事情，五分钟热度都是不行的。俗语有“不到长城非好汉”，历史上红军长征两万五千里，历尽千辛万苦，坚持不懈，最后到达陕北，取得胜利。曹雪芹创作《红楼梦》，“披阅十载，增删五次”，“字字看来皆是血，十年辛苦不寻常”，费尽心力写出了不朽的文学巨著。爱迪生发明电灯，屡屡碰壁，连续失败了2000多次，但他没有放弃，仍然执着地坚持，最终取得了成功。有句格言叫“行百里者半九十”，一百里路程，走了九十里才算走了一半，剩下的十里是另一半。这说明事情越到最后越接近成功越困难，越需要坚持，越需要认真对待。曾获诺贝尔文学奖的爱尔兰剧作家萧伯纳说过：“多走一步，就可以缩短一步接近成功的距离，胜利就在前方，你的任务就是坚持，就是再多走一步。”马云在创业过程中，也经历过多次挫折和失败。在阿里巴巴成立初期，没钱租办公室，只好在家里办公，几十个人挤在一间房里，每天工作16到18个小时，但他咬牙坚持，从不言放弃，成就了今天的辉煌。所以他说：“今天很残酷，明天更残酷，后天很美好，但绝大多数人死在明天晚上。”为什么会这样？因为这些人在最后阶段没能坚持住。成功往往在于最后再坚持一下，很多事情由于缺乏最后的坚持而前功尽弃。

## 3. 由“四”退“三”——以退为进

如果处在“四”的位置，再怎么努力，也取得不了新的进展，无法达到“五”，那么不妨换一下思路，索性退一步，退到“三”，避免处于不上不下的尴尬境地。这样才能更有利于下一步发展，做出更大的成绩。

进和退是辩证统一的，老子讲：“明道若昧，进道若退。”适当地后退是为了更好地前进。民谚也讲，退一步海阔天空。列宁有一篇很有名的文章，题目就叫“退一步，进两步”。主要是讲，在政治斗争中，如果主客观条件不具备，就不宜冒进，宁可暂时后退以保存力量，创造条件然后再向目标前进。具体一点，这里的“退一步”是指放弃“十月革命”后实行的“战时共产主义”制度，退而实行具有“国家资本主义”色彩的“新经济政策”。“战时共产主义”这一高度垄断的经济制度激化了社会矛盾，并使得苏维埃政权在国际上极为孤立。列宁的“新经济政策”是为了缓和社会矛盾，重启与西方国家的贸易，让濒临绝境的苏维埃政权获得喘息的时间，并利用资产阶级的财富壮大自己而采用的权宜之计，一旦苏维埃政权足够强大，他不仅将废除“新经济政策”，而且还会用无产阶级革命在全世界范围埋葬资产阶级和资本主义制度。这就是所谓的“进两步”。

毛泽东也深谙以退为进的道理，他在《中国革命战争的战略问题》中说：“及时退却，使自己完全立于主动地位，这对于到达退却终点以后，整顿队势，以逸待劳地转入反攻，有极大的影响。”“战略退却的全部作用，在于转入反攻，战略退却仅是战略防御的第一阶段。全战略的决定关键，在于随之而来的反攻阶段能不能取胜。”第一次反“围剿”时期，我军退却是为了“诱敌深入，后发制人”。解放战争时期，蒋介石重点进攻陕北时，我军的退却是“蘑菇战”。

为什么在一定的情况下，由“四”退到“三”更有利于下一步的发展呢？这是因为事物的发展不全都是连续的，也有非连续的。数学上的函数一般是连续的，但也有不连续的。量子的跃迁就是跳跃式的，跃迁所需要的能量是一份一份不连续的。再如汽车爬大坡，挂四挡再怎么加油门也爬不上去时，就需要退到三挡或者二挡，加加油，就上去了。还有用酒精消毒，也不是酒精度数越高效果越好，浓度 75% 最好，浓度 100% 的反而不如 75% 的。

还因为在“四”的位置上你的优势太小，或者说你的优势无法发挥出来，而退到了“三”，你自身的一些优势就会显露出来，能够充分发挥作用。能力的发挥在很大程度上受到环境的制约和影响。所以必要的时候，就要另辟蹊径，来点迂回。进退有度，方能游刃有余。

# 四、把握在“六”与“七”之间

我在“贤林讲坛”已经讲了“二和三”、“四和五”，今天接着讲“六和七”，主要是讲黄金分割律及其给我们的启示。下面分四个问题来讲。

## 1. 从对一条线段神奇的分割讲起

数学上有个黄金分割点，是讲把一条线段分成两部分，使其中较长的部分与整条线段的比值等于较短部分与较长部分的比值。

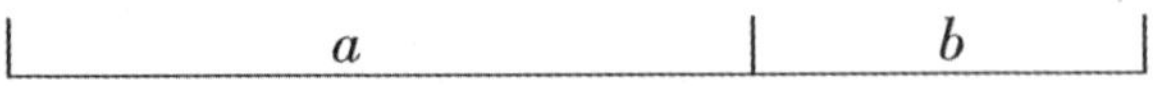


$$a:(a+b)=b:a$$

黄金分割线示意图

这个比值是一个无理数，取其小数点后三位的近似值是0.618，具体推算过程如下：

设黄金比为 $x$，假设整条线段长为 1，则长段为 $x$，短段为 $1-x$。

故有 $\frac{x}{1}=\frac{1-x}{x}$，即 $x^2+x-1=0$，

解得 $x=\frac{\sqrt{5}-1}{2}\approx 0.618$。

据说这个比值是由古希腊的哲人毕达哥拉斯提出的。毕达哥拉斯路过铁匠作坊，听到打铁的声音，有的清脆悦耳十分好听，有的则不那么好听。这引起了他的好奇，在什么条件下铁锤敲击铁砧时才会发出好听的音乐般的声音呢？他走进作坊，仔细测量了铁锤和铁砧的尺寸，发现凡能发出好听声音的都是铁锤敲在铁砧的 0.618 处，都存在着 0.618 的比例关系。后来，这一神奇的比例关系被古希腊著名哲学家柏拉图誉为“黄金分割律”。

所谓黄金分割律，就是指事物的各部分之间的一种比例关系，即将一事物一分为二，使较小部分与较大部分之比等于较大部分与整体之比，其比值为 0.618。英国美学家库克曾称黄金分割律为“生命的曲线”，是“宇宙大美”。

在数学上，0.618 是一个十分奇妙的数字。大家请看下面一些运算：

$1.618:1\approx 1:0.618$

$1/0.618\approx 1.618$（0.618 的倒数是 1.618）

$1.618\times 0.618\approx 1$

$(1-0.618)/0.618 \approx 0.618$

$1-0.618 \approx 0.382$（另一个黄金分割点）

$0.618 \times 0.618 \approx 0.382$（长段的平方等于全长与短段的乘积，即长段的平方等于短段）

这个比例之所以被称为黄金分割，除了它有趣、神奇，还因为它最具美感，让人看起来最舒服、最和谐。

这个比例精确地讲是0.618，但在现实生活中不可能处处这么精确。在现实生活中，一个范围比一个点更好把握，更好操作。现实生活中也容许保持一定的宽容度和误差值，这个范围大体上是在0.6与0.7之间，也就是六成到七成之间。

## 2. 黄金分割律广泛存在于自然界中

黄金分割律是大自然和谐、自洽的内在要求，在自然界中得到了充分的展现，从植物、动物到人类，几乎都暗含着这样的比例结构。

### （1）植物

普通树叶宽与长的比例大约为0.618。叶子的排列也是这样，上下层相邻的两片叶子之间约成137.5°角，圆周是360°，$(360° - 137.5°)/360° \approx 0.618$，这个角度最利于通风透光。

一朵多重花瓣儿的花儿，从花蕊算起，由里到外，各层花瓣的数字依次是1、2、3、5、8、13、21、34、55、89……这一数列有一规律，从第三项起，每项均为前两项之和，这就是数学上著名的斐波那契数列。这一数列还有个特点，就是前后两数之比都接近黄金分割数，而且愈往后数值愈大，前后两数之比愈接近0.618。比如5：8＝0.625；8：13≈0.615，13：21≈0.619，到了数值很大时，其比值就是0.618，如10946：17711≈0.618，这也就是说花瓣儿是按照黄金分割律

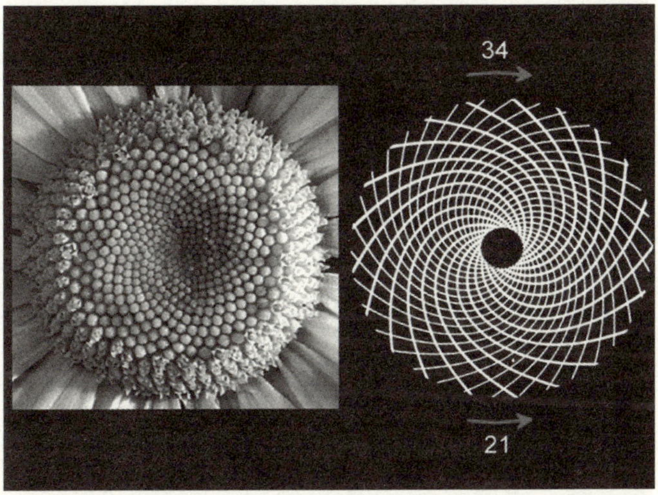


向日葵的花盘是按照黄金分割律排列的

松果也是按照黄金分割律排列的

排列的。

向日葵的果实呈螺旋状排列，21 条逆时针旋转，34 条顺时针旋转，21 ∶ 34=0.6176，非常接近黄金分割数。大的向日葵也有 34 条朝一方，55 条朝另一方；或 89 条朝一方，144 条朝另一方，其比例都符合黄金分割律。数学家们还发现，向日葵花盘中螺旋线的发散角是 137.5 度，因为只有这样排列，同样大的葵花盘排列的葵花花籽才能最多。

松果也是按照黄金分割律排列的。8 条顺时针生长，13 条逆时针生长，8 ∶ 13 ≈ 0.615。

**（2）动物**

蝴蝶身长与双翅展开后的长度比例接近 0.618。

天使鱼的身体也是黄金矩形，其长宽比例大约为 0.618。

鹦鹉螺身上每一个螺旋的直径与其后一个螺旋的直径的比都接近 0.618。

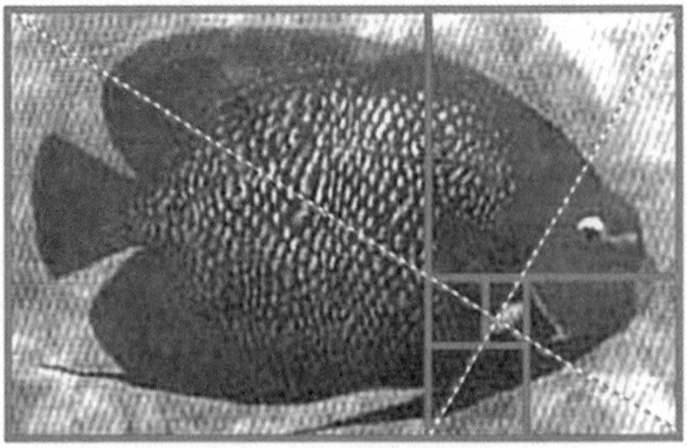

天使鱼的长宽比例是完美的黄金分割矩形

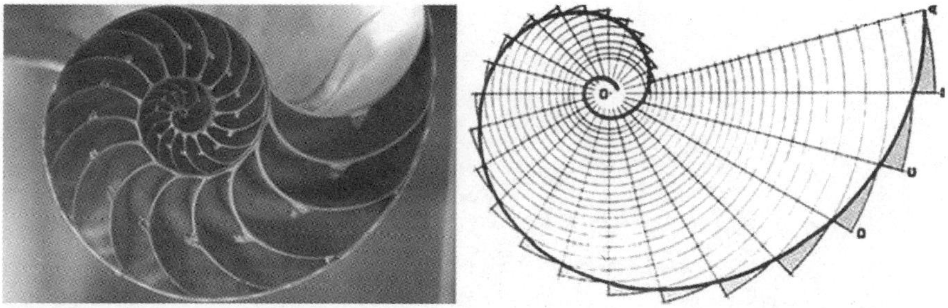

鹦鹉螺的螺旋曲线按黄金分割律排列

恒温动物的体温大体都在 37℃至 39℃之间，这一温度正好在水的液态范围 0℃至 100℃的另一个黄金分割点 0.382 左右。

（3）人类

人体的结构是美妙的，是大自然的杰作，其美妙之处就在于几乎处处都是按黄金分割律来组成的。就人的整体结构而言，竖着看，可以说肚脐是上下身的黄金分割点，人的肚脐大约位于身长的 0.618 处，理想的身段从肚脐到头顶与从肚脐到脚底的比值是 0.618。当然，不少人的身段没有这么理想，腿短一些，所以就用高跟鞋来弥补。横着看，腰部和臀部的理想比例在 0.6 到 0.7 之间，选美选出来的冠军其胸围、腰围、臀围往往是 91 厘米、61 厘米、91 厘米，腰、臀比即 61 ∶ 91 ≈ 0.67。从人体的某些部分来看，也是这样。鼻尖位于脸长三分之一处，从鼻尖到下巴和从鼻尖到发际之比接近 0.618。从咽喉到头顶与从咽喉到肚脐之比是 0.618。肘关节位于从肩关节到指尖长度的 0.618 处。

英国超级模特凯莉·布鲁克，被誉为性感女神，其胸围、腰围、臀围分别为 88 厘米、59 厘米、86 厘米，其腰围与臀围之比大约为 0.686

据说人体的胚胎发育过程也与黄金分割律有关。在早期胚胎中，心脏的位置偏向头部上方，渐次移位到头部下方，再沿胚胎正中线向左旋转，到达理想的位置。所以心脏在胸腔里的位置也基本符合 0.618 的比率。

著名的古希腊大理石雕像——维纳斯，其结构比例蕴含着黄金分割律

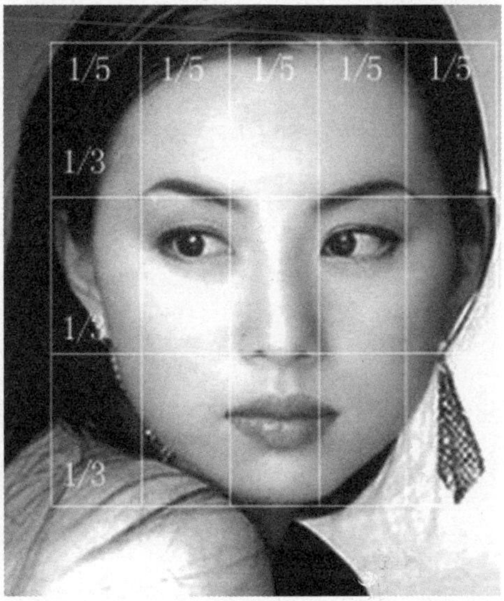


人的面部比例图，其中鼻尖到下巴的长度约为整个脸长的三分之一，鼻尖到发际的长度约为整个脸长的三分之二，鼻尖处于面部的黄金分割点上

还可以用 0.618 来解释人为什么在 22℃至 24℃的温度下感觉最舒适。因为人体的正常温度是 37℃，37℃乘 0.618，积约是 22.9℃，在 22.9℃左右的环境温度里，人体的新陈代谢和生理机能都处于最佳状态。

### 3. 黄金分割律在社会生活中的应用

人类社会是从自然界中逐步发展起来的，“道法自然”，人类活动要以自然界的法则为法则，要遵循自然规律行事。黄金分割律在自然界中普遍存在，在社会生活中也得到了广泛应用。

**（1）摄影**

先从最直观的摄影说起。摄影首先讲究的是构图，而黄金分割法是摄影构图的基本方法之一，具体应用中简化为三分法构图或九宫格构图，其实质就是把被摄主体放在整个图片的黄金分割线或黄金分割点上。

三分法构图，是把照片横向或纵向三等分，将被摄主体放在三等分线的位置，即上下或左右的三分之一处或三分之二处，也就是 0.3 ~ 0.4 或 0.6 ~ 0.7 之间，这样视觉效果比较好，主体表现突出。本人是一个摄影爱好者，曾尝试按三分法构图拍摄了一些照片，取得了比较好的效果。

九宫格构图，是在三分法的基础上，横向、竖向各画两条线——三分法的分割线，即画 “井”字，将画面分成九个相等的方块，然后将被摄主体放在分割线（“井”字）的四个交叉点上。这四个交叉点可以称作“视觉中心”，当主体位于这几个关键点时，最容易吸引观众的注意力，同时有助于构筑整个画面的重心。

该照片按三分法构图，平地占三分之二，高山占三分之一

本书作者运用三分法构图拍摄的《风雪佛塔》，将主体佛塔放在图片左侧大约三分之一处，此图片曾在 2014 年河南省教育厅、河南省高校摄影协会等单位联合举办的“中国梦·成才梦·美丽中原风”摄影大赛中获奖

本书作者运用三分法构图拍摄的《树木树人》，把两个女学生放在图片下部三分之一处，此图片曾入选河南省委宣传部举办的“和谐中原”书法绘画摄影展

九宫格构图法

按九宫格构图法拍摄的照片，把小姑娘的眼睛放在图片左侧偏上的交叉点上

按九宫格构图法拍摄的照片，把沙漠中难得的一棵树放在图片左侧偏下的交叉点上

（2）**绘画**

绘画与摄影有相似的地方，画家们发现，按 0.618 的黄金比例画出的画最优美，看上去最舒服。中国画一般把主体放在画面的黄金分割点或黄金分割线上，著名画家徐悲鸿的作品就充分体现了这一点。外国画也是这样，欧洲文艺复兴时期的天才科学家、发明家、画家达·芬奇的《维特鲁威人》《蒙娜丽莎》等名画中都运用了黄金分割律。

徐悲鸿的花鸟画，其中的鸟处于画面左上侧的黄金分割线上

徐悲鸿最擅长画马，这幅画中两匹骏马的头部位于画面上部的三分之一处

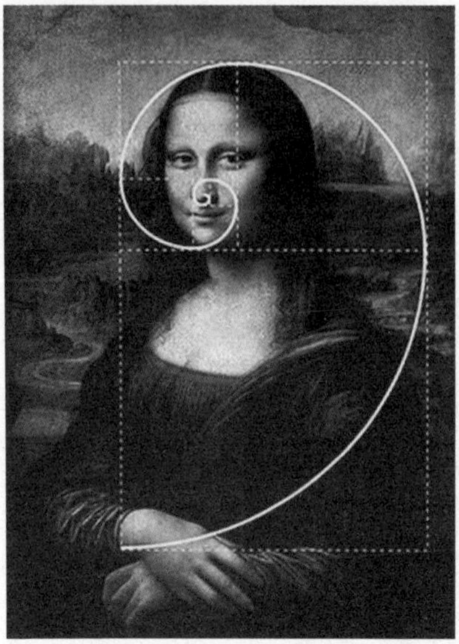

达·芬奇的《蒙娜丽莎》，其中头部与半身的比例、脸宽与脸长的比例都体现了黄金分割律

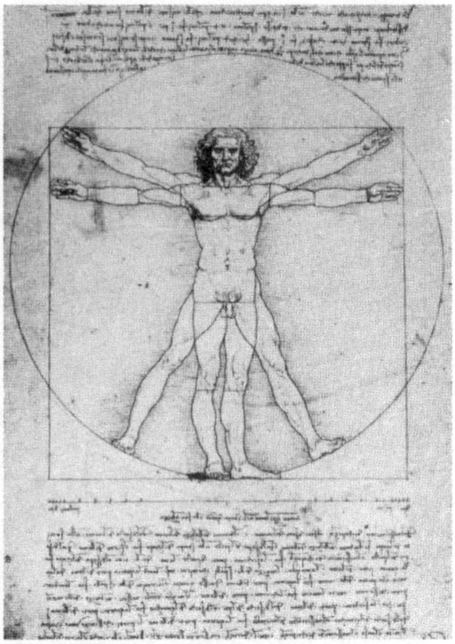

达·芬奇的《维特鲁威人》，其中的人体结构完美地体现了黄金分割律

（3）书法

书法讲究字体的结构。书法大师启功先生经过潜心研究，提出了结字黄金律，他说：“写好汉字的关键是结构。所谓的汉字结构，最重要的就是中心的确定，这个中心不是像其他书法家所说的在字的正中央，而是在字的正中央偏左偏上的位置，就像人的心脏在人体中心的左上方一样。中心部位笔画紧凑，穿插匀称，而后向四方扩展，必然好看。”（李苑《“一身随意去还来”》，《光明日报》2015 年 2 月 6 日第 9 版）

启功先生认为：世俗流行之九宫格、米字格作字，上字之

脚，每侵入下格，递侵之余，常或一行四格之中，只能容三字。以注意力必聚于格之中心也。偶以放大画图所用画有细小方格之坐标玻璃片，置于帖上，详量每字笔画之聚散高低，始知结字之秘。盖字中重点，并不在中心一处。其法将每大方格纵横各画十三小方格，中间三小格纵横成十字路，每行小格为五三五。自左上一交叉点言，其上其左俱为五，其下其右俱为八。此十字路中四交叉点，各为五比八之位置，合乎黄金分割之理焉。……这种五比八，若往细里分，即 0.382 : 0.618，无论叫什么黄金律、黄金率、黄金分割法、优选法，都是这个而已矣。

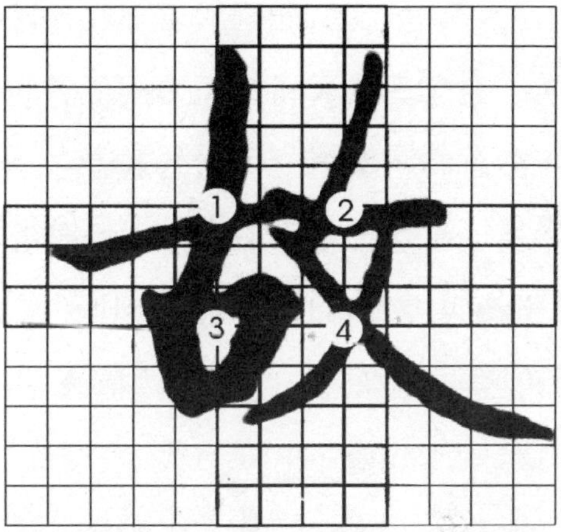


启功先生的结字黄金律示意图，字的重心应在左上的 1 处

启功先生的书法作品《静心》，“静”“心”二字的中心都在字的偏左偏上的位置

启功先生还在《论书绝句》中写道：“用笔何如结字难，纵横聚散最相关。一从证得黄金律，顿觉全牛骨隙宽。”

（4）音乐

音乐家发现，二胡演奏中，“千斤”（也称“千金”，对二胡琴弦起固定和切弦作用，一般是用棉线、丝线、有机玻璃等材料制成）分弦的比符合 0.618 ∶ 1 时，即把二胡的千斤放在琴弦 0.618 的位置奏出来的音调最和谐、最悦耳。

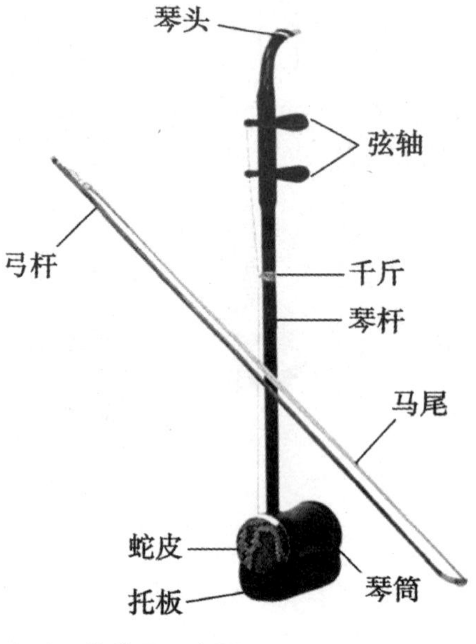

二胡千斤的位置示意图

乐曲中的高潮与黄金分割律也有着密切的关系，许多著名的音乐作品高潮位于全曲结构中点偏后的位置，在黄金分割点上或者与黄金分割点接近。如莫扎特的《D 大调奏鸣曲》第一乐章全长 160 小节，再现部分位于第 99 小节，恰好落在黄金分割点上（160×0.618=98.88）。再如肖邦的《降 D 大调夜曲》是三部性曲式，全曲不计前奏共76小节，按黄金分割律曲子高潮应在第46或第47小节（76×0.618=46.968），而该曲力度最强的高潮就在第46小节。

还有，舞台上的报幕员恰当的位置并不是站在舞台的正中间，而是偏在舞台上的一侧，以站在舞台长度的黄金分割点的位置——0.618或0.382之处最美观，声音也传播得最好。

（5）**建筑**

建筑与艺术是紧密相连的，既讲究实用，又讲究美观。建筑师们发现，按照黄金分割律建造起来的建筑物最美观，按这样的比例来设计殿堂，殿堂更加雄伟、壮丽；按这样的比例设计房屋，房屋更加舒适、美丽，就连门窗设计为黄金矩形都会显得更加协调和令人赏心悦目，所以，他们特别偏爱这一比例关系。古代世界八大奇迹之一的埃及胡夫金字塔就符合黄金分割律，胡夫金字塔的高度与底面的长度之比接近黄金分割数。古希腊巴特农神殿高和宽的比例是0.618，大理石石柱廊的高度占整个神殿的高度也是0.618。巴黎埃菲尔铁塔不算后来添加的天线，高300米，第二层平台距地面115米，（300−115）/300 ≈ 0.617，所得比值与黄金分割数非常接近。从中可以看出，第二层平台正是埃菲尔铁塔张开的四条腿开始收拢的转折点。位于上海黄浦江畔的东方明珠塔，是亚洲第一、世界第三高塔，它的塔身高达468米。要建造这样高而瘦长的塔身，在造型上难免有些单调，然而设计

埃及胡夫金字塔，其高度与底面长度的比值十分接近黄金分割数

古希腊巴特农神殿，其高与宽的比值为 0.618，石柱廊的高度与整个神殿的高度的比值是 0.618

巴黎埃菲尔铁塔，第二层的平台处于塔高的黄金分割点上

上海东方明珠塔，上球体位于塔高的黄金分割点上

师巧妙地在塔身上装置了晶莹耀眼的上球体、下球体和太空舱，它既可供游人登高俯瞰城市景色，又使笔直的塔身有了曲线变化。设计师将上球体选在接近整个塔高的黄金分割处，这样塔身显得非常协调、美观。

**(6) 其他方面的应用**

以上讲的应用都是有形的，还有些应用是无形的。

如数学上的优选法。优选法是以数学原理为指导，合理安排试验，以尽可能少的试验次数，尽快地找到生产和科学实验中最优方案的科学方法。我国著名数学家华罗庚生前走遍祖国大江南

著名数学家华罗庚（中）在等候开会的间隙，用一把扇子给他的学生演示梯级水库提水问题的解决途径

北，不遗余力地推广优选法，他在单因素优选问题中，用得最多的就是黄金分割法。

这里用个例子解释一下。如炼钢，为了加强钢的强度，要在钢中加入碳，加入太多或太少都不好，究竟加入多少碳才能使钢达到最大强度呢？这要靠试验的方法来解决。假如已估出每吨加入量在 1000 ~ 2000 克之间，若用均分法来安排试验，则应选取 1001 克、1002 克、1003 克……2000 克为试验点，共需做 1000 次试验。若按一天做一次试验计算，则需花将近三年的时间才能完成，太费时了。而运用优选法，按照黄金分割律，就可以大大减少试验的次数。

第一个试验点选在试验范围的 0.618 处，公式为：（大 − 小）× 0.618 + 小 = 第一点，即 (2000−1000) × 0.618+1000=1618（克）。

再在第一点的对称处（即 0.382 处）做第二次试验，公式为：大 − 中 + 小 = 第二点，即 2000−1618+1000=1382（克）。

比较两次试验的结果，如果第二点比第一点好，则去掉1618克以上的部分；若第一点较好，则去掉1382克以下的部分。假定试验结果第二次较好，那么就去掉1618克以上的部分，在留下的部分找出第二点的对称点做第三次试验。

第三点的加入量为：1618−1382+1000=1236(克)。

再将第三次试验结果与第二点比较，如果仍然是第二点好些，则去掉1236克以下的部分；如果第三点好些，则去掉1382克以上的部分。假定试验结果仍然是第二点较好，则去掉1236克以下的部分，在留下的部分找出第二点的对称点做第四次试验。

第四点的加入量为：1618−1382+1236=1472(克)。

第四次试验后，再与第二点比较，并取舍，在留下的部分用同样的方法继续试验，直至找出最佳点为止。

一次又一次试验，一次又一次比较与取舍。从第二次试验起，每次去掉相应试验范围的382/1000，试验的范围逐渐缩小，最佳点逐步接近。因此用黄金分割法能以较少的试验次数，迅速找到最佳点，取得比较好的效益。

再如经济学上收入分配差距警戒线的确定。基尼系数是20世纪初意大利经济学家基尼根据洛伦兹曲线所定义的判断收入分配公平程度的指标。它是个比例数值，在0与1之间，数值越低，表示收入分配差距越小；数值越高，表示收入分配差距越大。根据联合国有关组织规定，基尼系数低于0.2表示收入过于平均，高于0.4则表示收入差距较大。0.3～0.4之间表示收入相对合理,通常把0.4作为收入分配差距的警戒线,根据黄金分割律,其准确值应为0.382（这是黄金分割律的又一数值）。大于这一数值则容易影响到社会稳定，引起社会动荡。据国家统计局公布的最近几年中国的基尼系数，2012年为0.474,2013年为0.473,2014年为0.469，有些高了，高于国际公认的警戒线。所以，党的十八届三中全会通过的《中共中央关于全面深化改革若干重大问题的决定》在讲到收入分配问题时，提出要调节过高收入，增加低收入者收入，扩大中等收入者比重，逐步形成橄榄型的收入分配格局。党的十八届五中全会通过的《中共中央关于制定国民经济和社会发展第十三个五年规划的建议》中又重申了这个问题，并把语气加重了："实行有利于缩小收入差距的政策，明显增加低收入劳动者收入，扩大中等收入者比重。"

黄金分割律在金融市场(如股市行情的分析)、商品销售(如商品价格的确定）等方面也有广泛的应用，这里就不再具体讲了。

### 4. 黄金分割律给我们的启示

黄金分割律很奇妙、很有趣，在自然界中普遍存在，在社会生活中也有广泛的应用,从中我们可以得到一些十分有益的启示。

中国传统文化的精髓是"尚中贵和"。儒家讲"中庸"，"中庸”就是“用中”，要求为人处世要执其两端，用其中间，不偏不倚，恰到好处。道家讲“中道”，强调不要走极端，不要把事情做得太过。佛教讲“中观”，教导人们要入真性实相，不能执着于某一端，而要取其“中”。《易经》也是尚中的，按照《易经》的观点，任何事物都是发展变化的，其发展变化都会经历三个阶段。第一阶段也就是初始阶段还比较弱小，事物的特征还显现不出来。到了第三个阶段也就是最后一个阶段，到顶了，物极必反，又会走向自己的反面。所以最好的阶段就是中间那个阶段。《易经》中共有六十四卦，每卦六爻，它们的位次是从下往上数，最下面的叫“初”，最上面的叫“上”，其余的四爻，分别叫“二、三、四、五”。遇到阴爻，就称为“六”，遇到阳爻，就称为“九”。《易经》认为这六爻两头的不怎么好，居中的好。如第一卦乾卦中的“初九”“上九”都不怎么好。“初九”的爻辞是“潜龙勿用”（龙潜伏着，不要有所作为），“上九”的爻辞是“亢龙有悔”（龙飞得太高，已经有所懊悔）。居中的特别是“九二”“九五”最好。“九二”的爻辞是“见龙在田，利见大人”（龙出现在大地上，适宜见到大人）。“九五”的爻辞是“飞龙在天，利见大人”（龙在天上飞翔，适宜见到大人）。“尚中”讲的“中”一般并不在正中间，而是在正中的偏左或偏右处。如被称为天下第一图的太极阴阳双鱼图中的两个“鱼眼”也不在图的正中间，而是在中间的偏左和偏右处。《易经》卦中的爻也不是正中间的最好，而是中间偏下一点或偏上一点的最好。如前文所讲的乾卦，处于正中

太极阴阳双鱼图中的两个“鱼眼”的位置

的“九三”“九四”还没有偏下或偏上一点的“九二”“九五”好。唯物辩证法十分重视“度”，要求我们认识事物、处理问题要掌握火候，把握分寸。这个“度”“分寸”很多时候就在黄金分割点上，就在 0.6～0.7 之间，即六成到七成之间。所以我们把握好“度”，把握好“分寸”，往往就是要把握在六与七之间。这点可以运用到社会生活的各个方面。

先从最简单的日常生活说起。吃饭，吃到六七成饱最好，既能保证身体营养的需要，又不至于给身体造成负担。我们古人早就有“三分饥寒保平安”的说法。饮酒只饮到微醉，喝到六七成就可以了，大凡善饮者，素来讲究“饮酒半酣正好”的艺术。有一副对联写得好，叫“饮酒须到微醉时，赏花宜在半开后”，或曰“花看半开时，酒饮微醉处”。当然，在特殊情况下，要喝得更少一些，据说当年周恩来总理要求外交人员饮酒只饮自己酒量的三分之一，以防误事。

睡眠，人每天用于睡眠的时间要占全天时间的三分之一。科学家研究证实，成人每天最理想的睡眠时间是 7.5～8 小时，少于 7.5 小时或多于 8 小时都不利于健康，特别是少于 4.5 小时或超过 9.5 小时，死亡的概率会翻倍。一天 24 小时，7.5 小时约为 24 小时的 0.313，8 小时约为 24 小时的 0.333，与黄金分割律的另一个黄金分割点 0.382 十分接近。

再说绘画，上面讲的绘画是外在的，是讲构图的问题，这里讲的是内在的，是讲形似与神似的问题。中国画在画作与描绘对象之间追求似与不似的境界，国画大师齐白石说：“作画妙在似与不似之间，太似为媚俗，不似为欺世。”画画不能不像，不像使人看不明白，那是糊弄人；也不能太像了，太像了又太直白，不含蓄，没有给观赏者留下想象、回味的余地。最好是有六七分像，大致像又不完全像。齐白石最擅长画虾，他画的虾就在似与不似之间，真实的虾一般是八条腿或十条腿，齐白石画的虾一般是六条腿，有的只有五条腿；虾的眼睛是个小圆球，齐白石画的虾眼睛却是个小横杠。

再如办报纸、编刊物，既要有比较严肃的内容，又要有轻松

齐白石先生画的虾

活泼的内容；既要有高山大川，又要有小桥流水。这样才有看头。清代戏剧理论家李渔说：“插科打诨，填词之末技也。然欲雅俗同欢，智愚共赏，则当全在此处留神。”如果全是正儿八经“高大上”的东西，读者就少了，发行量就会受到限制。一般比较严肃的内容占六七成，其余的为轻松活泼的话题。《领导科学》就是这方面的一个范例。《领导科学》是我们河南省办得比较成功、比较有影响的一个刊物，它是全国中文核心期刊，是中国邮政发行的畅销期刊。从刊物名称就可以看出，它是一个关于领导

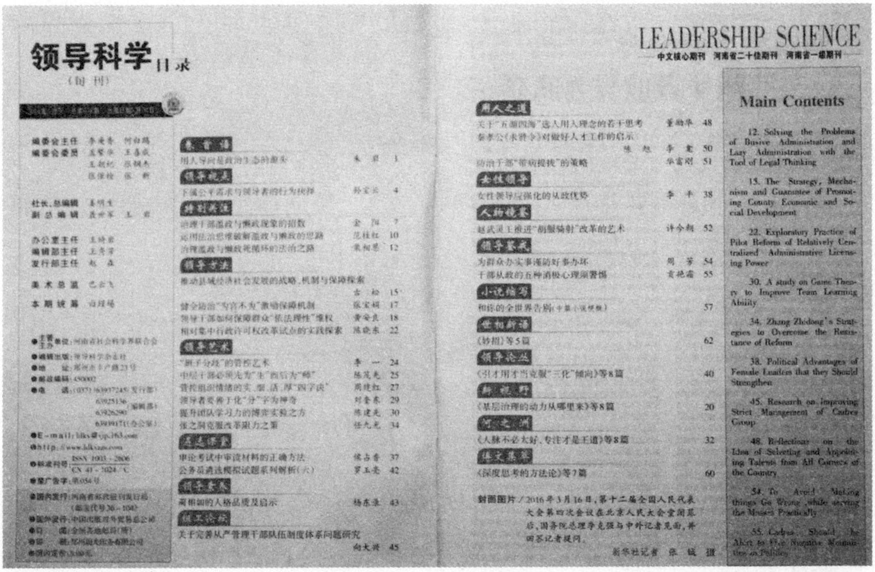
领导科学目录

LEADERSHIP SCIENCE

中文核心期刊

Main Contents

推动县域经济社会发展的战略、机制与保障探索 15

关于完善从严管理干部队伍制度体系问题研究 45

《妙相》等5篇 62

《引才用才当克服“三化”倾向》等8篇 40

《基层治理的动力从哪里来》等8篇 20

《人脉不必太好，专注才是王道》等8篇 32

《深度思考的方法论》等7篇 60

封面图片/2016年3月16日，第十二届全国人民代表大会第四次会议在北京人民大会堂闭幕后，国务院总理李克强与中外记者见面，并回答记者提问。

《领导科学》杂志的栏目设置

问题的学术性、理论性刊物，每期除有十来个如《领导艺术》《领导方法》《领导素养》等理论性、学术性的栏目外，还有四五个诸如《小说缩写》《世相新语》《博文集萃》《河之洲》等文艺性、娱乐性的栏目。

再如军事运筹，许多国家的军队在进行具体的进攻任务时，往往是分梯队进行的，第一梯队的兵力要占总兵力的三分之二，第二梯队占三分之一。在第一梯队中，主攻方向的兵力通常为第一梯队的三分之二，助攻则为三分之一。在防御战中，第一道防线的兵力通常为总数的三分之二，第二道防线为三分之一。在进攻点的选择上，一般要选在敌人防线中央的偏左或偏右一点的黄金分割点上。古代的马其顿与波斯的阿贝拉之战就是一个范例。

在这次战役中，马其顿的亚历山大大帝把他的军队的攻击点选在了波斯大流士国王的军队的左翼和中央的接合部，这个地方正好是整个战线的黄金分割点，所以尽管波斯大军比亚历山大的兵马多数十倍，但由于亚历山大的军队突破点选得好，他们迅速打破了敌人的平衡，将波斯军队杀得丢盔弃甲、溃不成军。

其他的事情差不多都是这样，如上大学，有专业课与非专业课的搭配问题，专业课占六七成，其他的课程占三四成比较合理。工作我们做了十分，或者说付出了十分的努力，得到六七分的回报就可以了，就应满足了，如果付出十分一定要得到十分，反倒可能什么也得不到了！

# 五、从“八九”之中解脱出来

## ——如何提升幸福指数

先说说为什么讲这个问题。

人一生的要求归结起来很简单，只有两个：一个是肚子饱，一个是心情好。

这些年随着我国经济的快速发展，国人“肚子饱”的问题已经解决了，但“心情好”的问题还没有完全解决，其中的有些问题反而更加突出了。“饿着肚子的时候只有一个烦恼，吃饱了会生出无数个烦恼。”当下，我们的物质生活得到了大幅度的改善，然而，收入增加，一些人的快乐并没有增加，幸福指数并没有提升，相反，却是烦恼增加了，痛苦增加了，得抑郁症的人也比过去多了。所以，今天我就着重讲讲如何解决“心情好”的问题，也就是如何提升幸福指数的问题。这里首先需要说明一点，提升幸福指数是个综合性的问题，除内在心理、精神因素外，还有外在环境的改善问题。这里主要是从心理方面、精神方面去讲。

人生在世，不可能处处称心、事事如意，反而常常是不如意的事多，心想事不成的情况多，所以我们每逢过年过节都喜欢互相祝福“心想事成”“万事如意”。这也是一条规律，大讲什么往往是因为缺什么。大讲团结，往往是因为不团结。都团结得很好，再讲团结就是多余的了。鲁迅先生也说过，拼命地劝孝正是因为孝子的缺少，如果天底下的儿女都孝顺，那还用得着去劝孝吗？古人关于这方面的论述颇多，著名诗人辛弃疾感叹：“叹人生，不如意事，十常八九。”宋代诗人方岳写道：“不如意事常八九，可与人言无二三。”陆游也讲：“人生十事九堪叹，春色三分二已空。”如何对待这十常八九的不如意事，就成为人生无法回避的一个问题。如果纠结于其中，不能自拔，就会影响心情，幸福指数就会大打折扣，进而影响和谐社会的构建。那么，怎样才能从这“八九”不如意事之中解脱出来呢？民国元老于右任采取的办法是“不思”，不去想它。他家中高悬一副他亲自撰写的对联，即“不思八九，常想一二”，横批是“如意”。然而一般人对“八九”很难做到像于老先生那样完全不去想，但可以通过减少欲望、拓宽眼界、提升兴趣、辩证思考来减少不如意事的数量，减轻不如意事的分量，冲淡不如意事的浓度，转化不如意事为如意事。下面分别来讲。

### 1. 减欲望——减少不如意事的数量

美丽需要得到别人的赞美，幸福主要在于自己的感受。

人的满意度、幸福感是与自己的欲望成反比的，美国经济学家、诺贝尔奖得主萨缪尔森曾提出一个幸福方程式：

幸福＝效用 ÷ 期望值

“效用”，即功效和作用，是经济学中常用的概念之一。一般而言，效用是指对于消费者通过消费或者享受闲暇等使自己的需求、欲望等得到满足的一个度量。“期望值”就是欲望，是人想得到某种东西或达到某种目的的诉求。从上述方程式中可以看出，在效用相同的情况下，期望值越低，幸福感越强；期望值越高，幸福感越弱。法国社会学家杜尔凯姆说：“如果他们的需求超过他们所能得到的，或所得与所需略有差异，他们就会痛苦异常。”

人活着，有欲望很正常，但欲望容易膨胀，容易疯长，因而需要节制，需要修剪。人的欲望往往是无止境的，往往随着所处环境的变化而变化。旧的欲望满足了，新的欲望又会产生。较低的欲望实现了，会生出比原来更高的欲望。好了还想再好，多了还想再多。一个人没当官时想当官，当了科长又想当处长，当了处长又想当厅长，当了厅长又想当部长……曾仕强在《人性的弱点》一书中曾举过一个形象的例子：一个人，姑且称之王甲，为了赴宴，排队等待公共汽车。由于正值下班时间，等候坐车的人很多。王甲有些心急，生怕挤不上车，他的第一个期望是公共汽车来了之后务必要停下，千万不要过站不停，让他一点儿机会都没有。公共汽车来了，也停了下来。这时候王甲就又有了第二个愿望：只要挤得上去，怎么挤都无所谓。王甲费劲挤了上去，但车上人实在太多了，挤得站都站不稳。这时他又有了第三个愿望，就是找个能双脚站稳、身体站直的地方。终于找到了能站稳的地方，这时他又有了第四个愿望：在座位上找个小缝，哪怕只坐三分之一屁股也行。有两位好心的乘客挪了挪，给他让出了一个小空间。王甲勉强坐了下去，真的只坐了三分之一的屁股。然而才过了一分钟，他就觉得不舒服，为什么同样买一张票，别人可以坐得那么舒适，自己却要如此委屈？于是他心一横，屁股一用力，把两旁的乘客挤开了。

人的欲望有一些并非人生必需的、必要的。实际上，人的物质需求是很有限的，有句俗语讲："良田千顷，不过一日三餐；广厦千间，只睡卧榻三尺。"庄子也有类似的说法："鷦鹩巢于深林，不过一枝；偃鼠饮河，不过满腹。"（《庄子·逍遥游》）吃饭吃得能保证身体的营养需要就行了，吃得过多过好反而有害，形成"三高"，影响身体健康。钱能保证基本的开销，够花就行了，再多，就仅仅是一个数字而已，有时还会生祸。

欲望过多、想要的太多是人生痛苦的最主要的主观原因。华远集团总裁任志强说得好："生活原不苦，苦的是欲望过多；心灵本无累，累的是攫取太甚。"在这一点上，人类不如动物。动物捕食是有节制的，够吃就行，绝不滥杀。而人类对自然资源的利用（说难听点是掠夺）却是无节制的，由此带来了严重的环境问题。环境污染实质上是人心的污染的外在表现。用马克思的话说，是污染了的心灵的对象化。

所以，减少欲望，可以帮助我们降低压力指数，减少不如意事的数量。

减少欲望需要简化生活，懂得放弃，回归生命本真。如果欲望太多，把生活搞得过于复杂，就容易脱离生命的本真。一位哲人说过，我们已经走得太远，以至于忘记了为什么出发。老子在《道德经》中反复讲“复归于朴”，“复归于婴儿”，“复归于无极”，意思就是放下物质欲望而回归生命本真。回归生命本真，找回赤子之心，是不少有深度的思想家、有品位的艺术家所追求的境界。著名画家毕加索说：我花了一辈子时间去学习怎么样像孩子一样画画。著名画家柯罗也说：我每天祈祷，愿上帝让我早晨起来像婴儿一般地看这个世界。老子还讲：“为学日益，为道日损，损之又损，以至于无为。”通俗地说，就是做学问、探求知识，要用加法，多多益善，为道（悟道修身）要用减法，减少物质欲望。人生需要做加法，也需要做减法。这在物欲横流的当下社会是很有意义的。当今社会如同一个飞速运转的大机器，人不自觉地被裹挟其中，常常不知道自己在忙什么，忙的有什么意义。包括孩子和老人，几乎每个人都有忙碌感和疲惫感，几乎所有人都在喊累，一天到晚都是急匆匆的，少了几分从容、淡定，少了几分宁静、优雅。这是受到“物质至上主义”的影响，从而造成了幸福感的大萧条。我们要从“道”上多想想，真正弄清楚人生的意义，真正弄清楚什么才是最重要的。美国哈佛大学最受学生欢迎的一门课叫“幸福课”，这门课的主题是“我们来到这个世上，到底追求什么才是最重要的？”2015 年岁末，在新媒体平台上广泛传播的《什么是美好生活——哈佛 75 年研究报告》中讲，针对境遇截然不同的“哈佛精英”和“波士顿背街男孩”两组人群进行长达 75 年的追踪研究，结果显示“构成美好生活的最重要因素并非富有、成功，而是良好的身心健康及温暖、和谐、亲密的人际关系”。把人生最重要的问题弄清楚了，明白人活着都是在走过程，起点和终点都一样，关键是要健康、愉快地活着，只要健康、愉快就行，其他的都是身外之物，不必背负那么多，应把那些非必需的欲望减去。日本近些年流行“断舍离”的生活方式，“断舍离”是从瑜伽中引申出来的，意思是“断绝”不需要的东西，“舍弃”多余的废物，“脱离”对物品的迷恋，使人从对物质的执着追求中解放出来，过一种简单的没有牵挂没有压力的生活。也就是清空环境，清空杂念，使生活轻松愉快。日本杂物管理咨询师山下英子专门写了一本名叫《断舍离》的书，现在很畅销。

减少欲望，就要知道满足，知道感恩。常言道，知足者常乐。科学泰斗、“宇宙之父”史蒂芬 · 威廉 · 霍金在 21 岁时因患卢伽雷氏症，肌肉萎缩，全身不能动弹，被“禁锢”在轮椅上，也不能说话，只有三根手指可以活动，他靠这三根手指在为他特制的电脑键盘上打字写作。现在这几根手指也活动不了了，只剩下眼皮可以眨一眨。现在他写作，是在他面前放置一块显示板，在上面显示英语的 26 个字母，一名助手逐个指认每个字母，如果

日本杂物管理咨询师山下英子所著的《断舍离》

是他想要的，他的眼皮就眨一下，助手就把这个字母记下来。就是在这样的情况下，他坦然面对，坚持从事科学研究，探索宇宙奥秘，并取得了一系列重大成果。2015 年，他还和俄国富商尤里 · 米尔纳合作启动了旨在发现地球外生命的“突破聆听”计划，开始了寻找外星人的行动。一次，一位年轻的女记者问他：“霍金先生，卢伽雷氏症将你永远固定在轮椅上，你不认为命运让你失去太多了吗？”面对这样的问题，霍金的脸庞依然充满恬静的微笑，用他当时还能活动的手指，艰难地敲动键盘，写下了如下

英国著名物理学家史蒂芬·威廉·霍金

一段文字：“我的手指还能活动，我的大脑还能思维，我有终生追求的理想，有我爱的和爱我的亲人和朋友。对了，我还有一颗感恩的心。”

创业导师李开复 2013 年被查出患有癌症，在经历了 17 个月的抗癌战斗后，对人生有了新的感悟，他感到了人生无常，觉得自己虽然事业有成，但在人生的课堂上仍是初级状态，有太多的人生学分要修。他总结了这期间修得的 7 个学分：1. 健康无价。2. 一切事情都有它的理由。3. 珍惜缘分，学会感恩和爱。4. 学会如何生活，活在当下。5. 经得住诱惑。6. 人人平等，善待每一个人。7. 懂得我们的人生究竟是为什么。

## 2. 扩眼界——减轻不如意事的分量

人们对问题的认识都是相对于一定的时空（参照物）而言的，在不同的时空（参照物）下，同一个问题给人的感受是不一样的，得出的结论也是不一样的。一小坑水，流入一点儿脏水就被污染了；若变成一汪湖水，影响就不大了；若再变成一片海洋，就无所谓污染了。再大的事情放到无限的时空中，其重要性都会趋于零。以无限作为参照，直线和圆可以相通，曲线和直线的区别接近于零，大直若屈。

《庄子》中记载有庄子对生死的看法。庄子的妻子死了，庄子的朋友惠子去吊唁，看到庄子坐在地上敲着瓦盆唱歌。惠子说："尊夫人跟你一起生活了这么多年，为你养育子女，操持家务，现在她死了，你不哭也就算了，还敲着盆唱歌，这未免太过分了吧！"庄子回答说："不是这样的，她刚死去的时候，我的心能够全无悲伤吗？我怎么可能那样呢？但你想想看，她当初并没有生命，不但没有生命，而且没有形体，不但没有形体，也没有这样一股气息。可以说她本来就是一片茫然与惚恍，若有若无，无形无气无生，然后有了气，有了气变成了形体，形体变成了生命，现在生命又变成了死亡，这不就与春夏秋冬四季的运行是一样的道理吗？现在她安静地歇息在天地这所大屋子之中，我却在一边嗷嗷大哭，那不是太不明白生命与命运的道理了吗？所以，我止住了我的哀哭。”

“心小了，所有的事就大了；心大了，所有的事就小了。”这里的心就是眼界，就是胸怀。眼界开阔了，胸怀宽广了，人生的格局就会大，气度就不一样了。“营大者不计小名，图远者弗拘近利。”“以天下为量者，不计细耻；以四海为任者，不顾小节。”格局大了，目标高远了，一些小坎坷就不在话下，就不会耿耿于怀于一些小的得失，就不会斤斤计较一些鸡毛蒜皮的事。就是遇到一些比较大的不如意事，也会正确对待，减轻其分量，从而减轻痛苦的程度，了却许多无谓的烦恼。

眼界开阔了，还有助于正确认识自己。“人贵有自知之明”，只有正确认识自己，才能把握自己，才能找准自己的位置，处理好与他人、与集体、与社会的关系，保持良好的心态，从而更好地实现人生的价值。

但正确认识自己又很不容易。知人难，知己更难。古诗云：“不识庐山真面目，只缘身在此山中。”尼采也说过：我们无可避免地与自己保持陌生，我们不明白自己，我们搞不清楚自己，我们的永恒判词是“离每个人最远的，就是他自己”。俗话说：“自屎不臭。”自己的缺点往往自己感受不到。因为正确认识自己是要通过与外部的接触，与外部的比较，与他人的关系和他人对自己的评价来实现的。书读得越多，越会感觉自己知识的不足；与外界接触越多，视野越宽，对自己的认识越准确。把自己封闭在一个小圈子内，视野狭窄，就容易过高地估计自己，认为自己是大材小用了，是上天不公，从而产生怀才不遇的负面情绪。实际生活中，有大材小用的，也有小材大用的，但没有多少人认为自己是小材大用了，反而是太多的人认为自己是大材小用了。加拿大一家公司的一项全球民意调查结果显示，认为自己大材小用的人数，比例最高的是我们中国，达到 84%。

所谓眼界开阔，有空间和时间两个维度。在空间上要看得宽广一些，“胸怀寰宇宽”。我们看到的宇宙已经够浩瀚了，它的尺度要用 $10^{25}$ 米来计量，并且它还在继续膨胀着，膨胀的速度不仅没有减慢反而还在加快。科学家以此断言宇宙中还存在着暗物质和暗能量（既不反射光，也不发出电磁波，我们现在还观察不到的物质）。天文学家根据引力效应估算出，暗物质和暗能量占了当今宇宙总能量密度的 95%，其中暗物质占 27%，暗能量占

宇宙图景

68%。这意味着我们现在观测到的世界，只是零星分布在宇宙中的小点缀，如同大海中的几滴水。（参见《光明日报》2015 年 12 月 18 日报道《“悟空”寻找暗物质》）另外，现在还有一种“暴胀说”，说在我们这个宇宙之外还有无数个宇宙，真是山外还有山，天外还有天。“会当凌绝顶，一览众山小。”以广袤无边的宇宙作为参照系，我们平常遇到的一些事情，常常是微不足道的。著名钢琴家傅聪在年轻时第一次参加国际比赛，显得有些紧张，他的父亲、著名翻译家傅雷给他做工作，让他多想想宇宙之浩大，个人之渺小，那样容易消除紧张情绪。

在时间上要看得久远一些，“思接千古远”。宇宙的年龄有一百多亿年，人类的历史也以百万年计，有文字记载的人类文明史也有几千年了。历史的车轮如长江之水滚滚向前，明代杨慎的《临江仙》写得好：“滚滚长江东逝水，浪花淘尽英雄。是非成败转头空。青山依旧在，几度夕阳红。白发渔樵江渚上，惯看秋月春风。一壶浊酒喜相逢。古今多少事，都付笑谈中。”苏东坡在《念奴娇 · 赤壁怀古》中也感叹：“大江东去，浪淘尽，千古风流人物。”以历史长河中的千年万年作为参照，反观我们平常遇到的得失，常常就微不足道了，在整个历史长河中，可能连个涟漪都算不上！还有一个广为流传的“六尺巷”的故事也可以给我们一些启示。清康熙年间，张英在朝中任文华殿大学士、礼部尚书。桐城老家的老宅与吴家为邻，两家府邸之间有块空地，供双方来往交通使用。后来邻居吴家盖房，要占用这个通道，张家

安徽桐城六尺巷

不同意，双方将官司打到县衙门。县官考虑纠纷双方都是官位显赫的名门望族，不敢轻易了断。在这期间，张家人写了一封信，给在京城当大官的张英，要求他出面干涉此事。张英收到信件后，认为应该谦让邻里，给家里的回信中写了四句话："千里来书只为墙，让他三尺又何妨。万里长城今犹在，不见当年秦始皇。"家人看罢信，明白其中意思，主动让出三尺空地。吴家见状，深受感动，也主动让出三尺，就形成了六尺宽的巷子，现在是桐城市的重点文物保护单位，也成为一个著名的旅游景点。

"君子坦荡荡，小人长戚戚。"古今伟人、哲人都是眼界开阔、心胸宽广的，都喜欢仰望星空，远眺沧海，感念千古。除了上面提到的苏东坡、杨慎的名句，还有曹操的《观沧海》：“东临碣石，以观沧海。水何澹澹，山岛竦峙。树木丛生，百草丰茂。秋风萧瑟，洪波涌起。日月之行，若出其中；星汉灿烂，若出其里。幸甚至哉，歌以咏志。”岳飞的《满江红》：“仰天长啸，壮怀激烈。三十功名尘与土，八千里路云和月。”

毛泽东也是这方面的一个典型代表，你看他的诗篇：“冷眼向洋看世界，热风吹雨洒江天。”（毛泽东《七律·登庐山》），“坐地日行八万里，巡天遥看一千河。”（毛泽东《七律二首·送瘟神》）“可上九天揽月，可下五洋捉鳖。”（毛泽东《水调歌头·重上井冈山》）眼界是多么宽广，气魄是多么雄大！20世纪50年代，面对美国的核讹诈，毛泽东讲：“美国那点原子弹，消灭不了中国人。即使美国的原子弹威力再大，投到中国来，把地球打穿了，把地球炸毁了，对于太阳系说来，还算是一件大事情，但对整个宇宙说来，也算不了什么。”（《毛泽东选集》第五卷，人民出版社1977年版，第136～137页）

扩眼界最有效的方法就是学习，一是向书本学习，一是向实践学习，“读万卷书，行万里路”。读书多了，阅历广了，经了风雨，见了世面，就能走出自我的小天地，心态就会变得淡定平和，看问题就容易看得开、想得透。书法大师启功先生曾说：“气傲皆因经历少，心平只为折磨多。”

### 3. 增兴趣——冲淡不如意事的浓度

兴趣是人们对客观事物的选择性态度，是人对需要的情绪表现，是一个人认识和掌握某种事物，并经常参与该种活动的心理倾向。兴趣可以调节情绪，平衡心态，帮助我们热爱生活。兴趣是人们获得工作满意度、职业稳定性和职业成就感的重要因素，在某些情况下（如果不考虑经济因素）甚至具有决定作用。孔子说："知之者不如好之者，好之者不如乐之者。"伟大科学家爱因斯坦也说过："兴趣是最好的老师。"一个人一旦对某一事物有了浓厚的兴趣，就会主动地去求知，去探索，去实践，并在求知、探索、实践中产生愉快的情绪和体验。实验也证明，一个人觉得工作有趣的时候，其身体中新陈代谢的作用就会加速；一个人失去兴趣的时候，其身体中血液的氧化作用就会有所下降，容易疲倦烦躁。我国近代思想家、政治家梁启超自称信仰"趣味主义"，他认为：凡人必须常常生活于趣味之中，生活才有价值；若哭丧着脸挨过几十年，那么，生命便成沙漠，要他何用？太单调的生活，容易厌倦，厌倦即为苦恼乃至堕落之根源。

兴趣可以分为职业兴趣和非职业兴趣。

先说职业兴趣。职业兴趣是人从事职业活动的动力之一。如果一个人对所从事的职业有兴趣，那么他对工作就会有主动性、积极性，即使单调枯燥的工作也会变得丰富多彩、趣味无穷；即

美国发明家托马斯·阿尔瓦·爱迪生

使十分辛苦，也总是兴致勃勃，心情愉快；即使困难重重，也不会灰心丧气，而是想方设法百折不挠地去克服它，甚至废寝忘食，如醉如痴。发明家爱迪生就是个很好的例子，他几乎每天都在实验室里辛苦工作十几个小时，在那里吃饭、睡觉，但他不仅不以此为苦，反而以此为乐。他宣称："我每天都其乐无穷！"他一生拥有电灯、留声机、印刷机、电影摄影机等 2000 多项发明，1000 多项专利。如果一个人对所从事的职业不感兴趣，那么这个人的工作就可能是被动的，就难以有激情，也难以取得好的业绩。一般来说，从事自己不感兴趣的职业，其生活的满意度就会降低，失意感就会增强。因此，我们选择职业时，在条件允许的情况下，要尽可能选择自己感兴趣的事情去做。

一个人从事的职业和自己的兴趣一致，工作就是兴趣所在，那是很幸运的。马克思曾经设想，在共产主义社会里，每个人都可以随着自己的兴趣在任何部门自由发展，可以出于自愿选择适合自己的工作。“任何人都没有特殊的活动范围，而是都可以在任何部门内发展，社会调节着整个生产，因而使我有可能随自己的兴趣今天干这事，明天干那事，上午打猎，下午捕鱼，傍晚从事畜牧，晚饭后从事批判，这样就不会使我老是一个猎人、渔夫、牧人或批判者。”（《马克思恩格斯文集》第一卷，人民出版社2009年版，第537页）但现在还不是共产主义社会，由于种种原因，不可能每个人从事的工作都是自己感兴趣的。自己不感兴趣或兴趣不大的职业，要有意识地去培养兴趣，增强兴趣。对职业的兴趣来自对职业价值的理解，来自对职业价值和自身价值结合的肯定。其中最重要的是弄清楚自己从事职业的意义。美国著名心理学家泰勒·本－沙哈尔说，幸福有两个基本要素，一个是快乐，一个是意义，幸福就是“快乐和意义的结合”。“幸福不只是快感，我们需要这愉悦感的来源是有意义的。”（泰勒·本－沙哈尔《幸福的方法》，当代中国出版社2011年版，第33、37页）真正明白了职业的意义，就能有效地增强对职业的兴趣。对职业的意义，既要从小处看，也要从大处看。从小处看，它是自己谋生的手段，为养家糊口提供了经济来源。从大处看，是它对他人、对社会的作用，若对他人、对社会有用，也是个人人生价值的体现。如教师，为社会培养人才，是太阳底下最光辉的职业。如医生，救死扶伤，是人间的“白衣战士”。再如清洁工，清除垃圾污垢，保持人们生活工作环境的清洁，也是社会所必不可少的，等等。这样，就会“把没有意思的工作很有意义地完成”（美国钢铁大王戴尔·卡耐基语），就会尽心尽力地去做。尽心尽力地去做，就会取得好的业绩。取得了好的业绩反过来又会增强对职业的兴趣，从而形成良性循环。

再说非职业兴趣。人除了职业兴趣，还应当有其他的兴趣，即职业以外的兴趣。非职业兴趣对于消除失意感，丰富人生，提升幸福指数有着重要作用。人们不管做什么事情，往往是业余的比专业的更快乐。因为专业的有责任，有责任难免就会有压力，常常还要面对职场圈子内一些钩心斗角甚至尔虞我诈的纷争。而业余的是以兴趣为导向，纯属图个痛快，图个乐子，毫无压力可言。特别是在对所从事职业缺乏兴趣的情况下，更应多培养职业以外的兴趣。有了职业以外的兴趣，就会减弱对不感兴趣职业的倦怠感。1932年6月27日，胡适在给当时的大学毕业生写寄语时，就专门谈了这个问题，他说：离开学校之后，大家总得寻个吃饭的职业，可你寻得的职业未必就是你所学的，未必是你所欣喜的，或者你所学的并非是与你性情相近的。在这种情况下，工作往往成了苦工，就感觉不到兴趣了，为糊口而做那种非“性之所近而力之所能勉”的工作，就很难保持求知的兴趣和生活的理想主义。最好的救济方法只有多多发展职业以外的正当兴趣和爱好。

他还说：有了这种心爱的玩意儿，你就是做六个钟头抹桌子工作也不会感觉烦闷了，因为你知道，抹了六点钟的桌子之后，你可以回家做你的化学研究，或画你的大幅山水，或写你的小说戏曲，或继续你的历史考据，或做你的社会改革事业。你有了这种称心如意的活动，生活就不枯寂了，精神也就不烦闷了。

发展和拥有职业以外的兴趣，在当今时代对人生的意义更为凸显。随着社会的进步，人们的工作时间逐渐减少，过去是每周工作 6 天，休息 1 天。现在是每周工作 5 天，休息 2 天。有的地方如法国已经是每周工作四天半，休息两天半了。随着社会的发展进步，工作时间还会进一步减少。再加上生活服务方面社会化程度的提高，吃穿用的东西大多都是现成的，人们的闲暇时间越来越多。还有，人的寿命越来越长，一般人退休后，还要再生活二三十年时间。如何利用这些闲暇时间，如何安度晚年就成为一个十分现实的问题。有了健康的兴趣和追求，生活就会更充实，人生就会更有意义。没有兴趣，就会无所事事，孤寂落寞，进而还会影响身体健康。

### 4. 长智慧——辩证看待不如意事

正确对待不如意事，还需要智慧，特别是大智慧。大智慧就是哲学，就是辩证法。哲学原本就是智慧之学的意思，哲学在英语中叫 philosophy，这个词源于希腊文，是由希腊文中的

philia(爱)和sophia(智慧)两个词组成的，意思就是爱智慧。我们把它翻译过来叫哲学，译得还是很贴切的。智慧需要学习，思维需要训练。要认真读一些哲学方面的书籍，并结合实际特别是结合自己的工作和阅历深入思考，融会贯通。要学会辩证思维，知道事情如意不如意是相对的，知道如意不如意也是可以相互转化的。特别要注意避免陷于认识上的一些误区。

一是不钻牛角尖。钻牛角尖就是思路狭窄，看事情只往一个方向去看，想问题只朝着一个方面去想，不知道来回看、来回想，从而走进死胡同，引起无谓的烦恼。辩证法要求我们看问题要全面，要多角度、全方位地看，不能只看到问题的一面，而看不到另一面，从而陷于片面性。这个道理现在大家都懂得，但正如恩格斯所说的："口头上承认这个思想是一回事，实际上把这个思想分别运用于每一个研究领域，又是一回事。"（《马克思恩格斯文集》第四卷，人民出版社2009年版，第299页）在现实生活中由于主客观条件的影响，我们往往不能将这一思想贯彻到底，在涉及与自己利益相关的问题上更容易这样。如"比较"，生活中离不开比较，有人说幸福不是富有，而是比较出来的一种感觉。还有人说烦恼是想出来的，气是比出来的，病是吃出来的。而比较就有个如何比的问题，既要向上比，又要向下比。既要向前看，还要向后看。往前看稀稀拉拉，往后看密密麻麻，在一定范围内，比咱好的不多，不如咱的还有不少。这样比，就容易知足，心情就会平和舒坦。如果只往上比，往高处比，只知"比上不足"，不知“比下有余”，就会越比越沮丧，就会严重影响幸福感的指数。再如价值判断，进行价值判断不能仅从个人的角度去考虑，还要从集体的角度、社会的角度去考虑。价值关系本质上是一种利益关系，作为利益的主体，可以是个体，可以是集体，也可以是社会。实际上，任何一个现实的个人必然同时具有这三层关系，既是个体，又属于某个集体，同时还是社会的成员。因此个人利益是多层次的，既有个人利益，又有集体利益，还有社会利益，仅仅以个人利益作为价值评价的依据，就会失之片面。还有遇事不仅要从自己的角度去考虑，还要从别人的角度多想想，要学会换位思考。一个小孩儿上小学，学习成绩不错，经常考全班第一名。一次考了第二名，她的妈妈很不高兴，这时这个孩子给她妈妈讲：“我只这一次考了第二名你就不高兴，那我老考第一名，我同学的妈妈怎么想？”小孩儿都懂的道理，许多大人反而不怎么明白了。

现实生活中，常见的一种钻牛角尖现象是对公平的苛求，就是一味追求绝对的公平，不能如愿便产生烦恼、抱怨等消极情绪。追求公平是人类的价值目标之一，但公平又是最难谈论的问题之一。因为公平的标准不是固定的，而是具体的、历史的，世界上不存在绝对的公平，公平只能是相对的。有一件事情我印象很深，20 世纪 70 年代初，当时还处于“文革”时期，在我们家乡上高中是由生产大队“革委会”推荐的，多数生产大队是把学习成绩比较好的学生推荐上去，以体现公正公平。但也有一个大队的“革委会”主任说：“学得好的就算了，让那些学得不好的再去学两年吧（当时高中学制是两年）。”换个角度讲，这也是一种公平观——扶弱抑强、填平补齐，因此也不能说他这种做法是没有任何道理的。所以，遇到此类问题一定要从多个角度去想想，而不能陷于一个角度不能自拔。

二是不静止化地看问题。辩证法告诉我们，事物的静止是相对的，运动变化则是绝对的，对同一个事物静止地看和动态地看，得出的结论是大不相同的。如关于真理是否包含谬误的问题，静止地看，真理就是真理，谬误就是谬误，真理是不包含谬误的。但动态地看，真理又是包含着谬误的。因为人的认识是具体的、历史的。检验真理的标准——实践也是具体的、历史的。在特定的时间段，有局限性的认识用同样有局限性的实践来检验，就被认为是百分之百的真理，是不包含谬误的。假定当时有局限性的认识是0.6，当时有局限性的实践也是0.6，那么，$0.6 \div 0.6=1=100\%$；随着时间的推移，实践向前发展了，再来检验先前的认识，其真理性就不是100%了，会发现其中包含一些谬误的成分。假定实践发展到了0.8的程度，那么$0.6 \div 0.8=0.75=75\%$，即先前的认识中有25%是不正确的。事情如意和不如意、得和失、福和祸也是这样，随着时间的推移可以相互转化。还有“否极泰来”“乐极生悲”，说的也是事物的发展变化。大家熟知的“塞翁失马”的故事就是一个典型的例子。它说的是边塞上有个老翁，一天，家中仅有的一匹马走失了，邻居们知道了这件事就来安慰他，老翁却说：“怎见得这不是一件福事呢？”过了没几天，丢失的马不仅自己回来了，并且还带回了一匹骏马。邻居们知道马回来了就前来道贺，老翁又不以为然，说：“怎见得这不是一件祸事呢？”果然，没几天，他儿子驯马时把腿摔断了。这时，邻居们又都表示同情，老翁又说：“这可能又是件福事哩！”不久，边境发生了战争，壮丁都被派去打仗，而且十有八九都战死了，老翁的儿子因断了腿没有被派走，从而保全了性命。这个故事最后说：“故福之为祸，祸之为福，化不可极，深不可测也。”这正应了老子在《道德经》中所言：“祸兮，福之所倚；福兮，祸之所伏。”

三是不纠缠于细枝末节。台湾学者傅佩荣先生曾把智慧的特征概括为两个，一个是“完整”，一个是“根本”。我认为“完整”就是我们所讲的“全面”，看问题要全面，要从整体上把握事物。“根本”就不用说了，就是抓住事物的本质，不停留于表面现象，不囿于细枝末节。围棋需要的就是从整体上、从大局上去考虑问题，不局限于某一棋子、某一局部。人工智能机器人“阿尔法狗”（Alpha Go）之所以能战胜世界围棋冠军李世石，就是因为它更有大局观，在对手下一个棋子时，它会通过识别模式，马上产生一个赢棋的全景图，瞬间把棋盘上所有的棋子都摆满，从而决定自己如何下下一步棋。它不纠缠于细节，不在局部缠斗。人生和围棋是相通的，生活中遇到的事情，有些只是表面的小问题，而有些则属于根本性的大问题。就人生来讲，我们首先要弄清哪

2016年3月9日，韩国围棋大师李世石（右）与人工智能机器人“阿尔法狗”（AlphaGo）进行首轮对决

些是根本性的问题，并围绕这些问题权衡得失，决定取舍。但人们往往过分关注一些小问题，纠缠于一些枝节，并因枝节问题影响了根本问题，损害了根本问题。上面讲过健康的身体、愉快的心情对于人生来讲都是至关重要的问题。但不少人常常为了一些非根本性的问题，如职务晋升、职称评定等，影响了心情，损害了健康。甚至还有极端的，有少女为了买一部时尚的手机，不惜出卖肉体，听说还有卖肾去购新“苹果”手机的。这些都是得不偿失的，是“捡了芝麻丢了西瓜”。明朝诗僧梢堂禅师的两句诗说得好：“天下由来轻两臂，世间何苦重连城。”这两句诗用了《庄子》中的一个典故：战国时代韩、魏两国发生领土纷争，韩

国的昭僖侯为此很忧愁，有一天子华子去见昭僖侯，见他面有忧色，寝食不安。于是子华子对昭僖侯讲，听说有一种神奇的“天下书铭”，谁握着它就能拥有整个天下，不过，左手握着它，右手就会残废，右手握着它，左手就会残废。现在假如这个“天下书铭”就在您的面前，您愿意把它握在手中吗？昭僖侯说：寡人不愿意为它而失去双臂。子华子说：很好啊！这样看来，双臂重于天下，而您的身体比双臂更重要。韩国与整个天下相比是很小的，现在争夺的地方与整个韩国比也是很小的，您又何必为此事忧愁，伤害了自己的身体呢？昭僖侯说：你说得太好了，前来与我交谈的人多了，但我还没有听过这样透彻的分析。我们从这个典故中是不是也可以悟出一些道理来呢？

再比如，教育最根本的任务是立德树人，而我们现在的一些学校却脱离了这个根本，有的高中教室到处可见令人触目惊心的标语：“提高一分，干掉千人”“考过高富帅，战胜官二代”“只要学不死，就往死处学”……这是在诱导学生不择手段地升官发财，在不如意的时候“干掉”那些挡自己道的人啊！我们相当多的家长也只关注孩子的学业成绩，忽视了对孩子身心素质的培养。不少家长对孩子说：“你只要把学习搞好，其他一切都不用管。”学生成天都有写不完的作业、上不完的培训班，几乎没有时间锻炼身体，更没有养成户外运动的习惯。学生戴眼镜的年龄不断提前，比例不断上升，身体素质不断下降。他们中不少人的心理素质也很差，抗压能力极其脆弱，只能接受成功，不能接受一丁点儿的挫折和失败，稍不如意就采取极端行为——从某种意义上说，这也是抓住了枝节，丢掉了根本。这将影响国家的发展和民族的未来，党和国家正在采取措施扭转这种倾向。我们大家都要重视这个问题，共同促进这个问题的早日解决。

# 附：

# 对“一分为二”的一分为二

“一分为二”原为中国古语，中国古代不少思想家曾论及这个概念，后来经毛泽东的肯定和阐述，逐渐流传开来。现在“一分为二”作为对矛盾和矛盾规律（对立统一规律）的通俗表述，已经深入我国人民群众的思想意识中，渗透到社会生活的方方面面，甚至成了人们日常生活中的口头语。但近年来对“一分为二”也不断有人提出质疑，特别是有学者指出要用“一分为三”取代“一分为二”。因此，有必要对“一分为二”作进一步的辨析。

首先需要从“分”字说起，“分”是区分、划分、分类。社会生活处处离不开“分”。“物以类聚，人以群分”，对事物进行归纳分类，是深入认识事物、进行科学研究的前提。“分”是根据事物本身的属性和社会实践的需要，依据一定的标准来进行的。社会实践是多种多样的，依据不同的标准，可以有不同的分法，可以一分为二，也可以一分为三，还可以一分为多。如就人来说，按照性别来分，分为男和女，可以说是一分为二；按照职业来划分，大类可以分为工农商学兵，一分为五，再细分，则更多；按照肤色来分，可以分为黑、白、黄、棕等多种，是一分为多；按照民族来分，我国有56个民族，世界上有2000多个民族，也是一分为多。再如中国特色社会主义建设，一种是二分法，那就是物质文明建设和精神文明建设，这主要是从认识论的角度来讲的。从认识论的角度，可以把世界上各种各样的现象归结为物质和精神，这是最高程度的抽象概括，由此我们党提出了物质文明和精神文明“两个文明一起抓，两手都要硬”的方针。一种是三分法，是在物质文明和精神文明建设之外又加上了政治文明建设。这是从社会形态的角度讲的。任何一种社会形态都可以归结为经济、政治、文化三个方面，是经济、政治、文化的统一体，相应地就有了物质文明、政治文明、精神文明建设“三位一体”的提法。一种是四分法，即经济建设、政治建设、文化建设和社会建设“四位一体”的提法。一种是五分法，即经济建设、政治建设、文化建设、社会建设、生态文明建设“五位一体”，党的十八大报告对中国特色社会主义建设的总体布局就是这“五位一体”。所以在“分”的问题上，也必须坚持具体问题具体分析的原则，只要实践需要，标准科学，任何分法都是成立的，不能把某种分法绝对化，不能以一种分法否定另一种分法。

其次需要弄清楚的是，“一分为二”是对矛盾（矛盾规律）的通俗表述，是从哲学层面上讲的。唯物辩证法对矛盾的定义是反映物质内部或事物之间对立和统一及其关系的基本哲学范畴。简而言之，就是说任何事物都包含着既相互依存（统一）又相互排斥（对立）的两个方面，因而都可以分为既相互依存又相互排斥的两个方面，分为“矛”和“盾”，即“一分为二”。因此，只要“矛盾”概念（范畴）是成立的，那么“一分为二”的表述就是成立的；只要矛盾是普遍的，那么“一分为二”就是普遍的。通俗的好处是大众化，有利于普及。但通俗也容易带来另一方面的问题，就是简单化、绝对化，容易陷入只讲“分”（对立）的一面、忽视“合”（统一）的一面的片面性，“文革”期间在这个问题上一味强调对立、斗争，达到了无以复加的地步。还容易把“一分为二”绝对化，好像事物只能分为二，不能再有其他的分法了。

由上所述，矛盾是普遍存在的，所以“一分为二”也是个普遍现象。毛泽东同志曾经明确提出：“一分为二，这是个普遍现象，这就是辩证法。”辩证法还告诉我们，普遍性寓于特殊性之中，“一分为二”也不例外。细究起来，不同的事物各有不同的分法，这里再来个一分为二，把“一分为二”概括为两种基本分法（既然事物都是一分为二的，那么对“一分为二”也是可以一分为二的）。

一种可以叫绝对分法，按照一定的标准将某类认识对象分为两部分，从中完全分开，非此即彼。如从认识论的角度把大千世界的所有现象分为物质和精神；自然科学中把自然界分为生物和非生物；物理学中把物质存在状态分为运动和静止；化学上把物质的反应分为化合和分解；数学上把数分为实数和虚数，把实数又分为有理数和无理数，有理数又分为正数和负数；在战场上把参战的人员分成敌、我两方，不是你死，就是我活；在意识形态领域把各种思想观点分为马克思主义和非马克思主义；等等。

另一种分法可以叫相对分法，对某类认识对象只取其两端（两极），使之对立。在两端（两极）之间还有大量的中间状态。这些中间状态是非此非彼的，或者说是亦此亦彼的。如富人和穷人（无产阶级和资产阶级）的划分，在富人和穷人之间存在着大量既不富也不穷的人，现在称中产阶级；马克思主义和反马克思主义的划分，在马克思主义和反马克思主义之间还有大量既非马克思主义但又不反马克思主义的思想观点。再如对某个人或某件事的态度有赞成和反对两种截然对立的意见，在二者之间还有既不赞成也不反对的意见，即弃权，现代选举的选票上都设有三个选项：赞成、反对、弃权。人有先进，有落后，大部分属于中间。毛泽东曾说："除了沙漠，凡有人群的地方，都有左、中、右，一万年以后还会是这样。"政治上分敌、我、友，敌与我相互对立，还有大量的中间力量需要去争取。

在理论上如果只讲绝对分法，不讲相对分法，用绝对分法代替相对分法，就无法解释在相对分法下大量中间状态的存在，由此就会对"一分为二"的科学性产生怀疑。这些年不断出现的"一分为三"论者正是这样提出问题的，他们中间有人讲，颜色一分为二，分为黑与白，但在黑白之间还有众多的中间色——赤橙黄绿青蓝紫等。一年四季除了寒冷的冬天和炎热的夏天，还有不怎么冷也不怎么热的春天和秋天。他们据此得出，事物都是一分为三的，而不是一分为二的。在实践上，混淆绝对分法和相对分法，用绝对分法代替相对分法，忽视大量存在的中间状态，在革命时期就会扩大对立面，扩大打击面，我党历史上“左”倾路线在这方面有着深刻的教训；在建设时期，就会忽视壮大中间阶层（中产阶级），进而不利于社会的和谐稳定。反过来，只讲相对分法，不讲绝对分法，用相对分法取代绝对分法，就会人为地加进去一些并不构成矛盾关系的所谓中间状态、中间环节，淡化矛盾双方的对立性、斗争性。如“一分为三”论者常举的一些例子，他们说数学上在正数和负数之间还有既不正也不负的“0”。实际上，“0”可以看作正数和负数的界线。这如同地球分为南半球和北半球，赤道是一个分界线一样。当然，“0”还可以看作一个既不正又不负的中性数，但它并不与正数或负数构成矛盾关系。正和负是相对而言的，恩格斯曾说过，正和负只是在它们的关系中才有意义，每一方独自来说都没有意义。“一分为三”论者还举例说在物质结构上除带正电的质子和带负电的电子外，还有不带电子的中子，实际上，物理学上讲阳电和阴电，是讲二者的矛盾关系，并不是在讲物质的组成结构。殊途同归，只讲相对分法，不讲绝对分法，由此也会否定“一分为二”的科学性，进而否定对立统一规律的科学性。

总之，对“一分为二”进行具体分析，区分为绝对分法和相对分法两种基本分法，无论在理论上还是实践上都是很有意义的。

（此文原载《信阳师范学院学报》2013年第4期，《新华文摘》2013年第19期予以摘编）

# 后　记

我的这几篇讲稿整理成册以后，就需要起个名字。好比一个孩子生下来，不管是否健美，是否聪慧，都要起个名字一样。大多数人对给小孩儿起名字都很讲究，既要有好的寓意，又要叫起来响亮。那么给本书起个什么名字好呢？为此我也颇费了一番心思。最初受网上一个栏目的启发，想叫“数字之道”——数字中蕴含的道理，后又觉得名字有点大，也有些过于抽象。接着又想叫作“从〇说到九”，这样具体倒是具体了，但又觉得没有把其中的意思完全表达出来。老定不下来，最后还是王晓宁编审出了个好主意，建议把上述两个名字综合起来，叫《从〇到九的人生哲理》，既明晰又与内容较为契合。

数字来自万事万物，是从丰富多彩的世界中抽象出来的。反过来，数字之中又包含着无穷无尽的哲理。

本书的这几篇稿子充其量只是大海中的几个小水滴，并且既不剔透也不晶莹。如有不妥的地方，还请大家不吝指正。

周口师范学院院长李义凡教授在百忙中阅读了书稿，提出了一些很好的修改意见并为本书作序，信阳师范学院的李舟、刘军等同志帮助整理了书稿，信阳师范学院科研处和当代马克思主义研究所给予了大力支持，大象出版社王刘纯社长和王晓宁编审为本书的编辑出版付出了辛勤的劳动，在此，一并表示诚挚的谢意！

孙宏典

2016 年 6 月 29 日